转基因大家谈

农业部农业转基因生物安全管理办公室

中国农业出版社

编委会名单

主　　编　寇建平

副 主 编　何艺兵　刘培磊　张宪法

编　　委　孙卓婧　徐琳杰　焦　悦　李文龙　涂　玮
李夏莹　朱永红　杨淑珂　王鹏飞　章秋燕
何晓丹　翟　勇　宋贵文　沈　平　熊　鹂

主要作者　陈君石　袁隆平　范云六　吴孔明　戴景瑞
韩　俊　毕美家　薛　亮　段武德　石燕泉
杨雄年　周云龙　林　敏　罗云波　饶　毅
黄大昉　彭于发　朱　祯　朱水芳　杨晓光
姜　韬　黄昆仑　张大兵　彭光芒　寇建平
王志兴　金芜军　吴　刚　胡瑞法　刘　标
李　宁　付仲文　刘培磊　谢家建　方玄昌
董　峻

习近平在2013年中央农村工作会议上谈转基因（代序）

［2014年出版的《十八大以来重要文献选编》上册收录了习近平在2013年中央农村工作会议上关于转基因的讲话文稿。］

讲到农产品质量和食品安全，还有一个问题不得不提，就是转基因问题。转基因是一项新技术，也是一个新产业，具有广阔发展前景。作为一个新生事物，社会对转基因技术有争议、有疑虑，这是正常的。对这个问题，我强调两点：一是确保安全，二是要自主创新。也就是说，在研究上要大胆，在推广上要慎重。转基因农作物产业化、商业化推广，要严格按照国家制定的技术规程规范进行，稳打稳扎，确保不出闪失，涉及安全的因素都要考虑到。要大胆创新研究，占领转基因技术制高点，不能把转基因农产品市场都让外国大公司占领了。

编者的话

转基因技术是一项新技术，以转基因技术为核心的现代生物技术是新技术革命的重要组成部分，是农业科技创新和产业发展的重要领域。从1982年第一个能产生胰岛素的转基因微生物诞生到现在才30多年，人们对它的认识有一个过程。该技术从诞生以来争论就从来没有停止过。只是在不同时期、不同国家表现出来的激烈程度不同。转基因本身是一个科学话题，但由于该技术通过对基因进行精确、直接、快速操作的优势，显著提高了育种效率，被迅速应用到医药、农业、食品、能源等领域，以其高效益打破了这些领域的原有格局，引起了各方的高度关注和争议，并从科技界漫延到经济社会的各个方面。再加上一些别有用心人士通过编造谣言等手段的推波助澜，使普通公众对转基因的认识出现模糊，一些人产生了对转基因产品的恐惧心理，已直接影响到我国转基因技术的研发与产业化。针对这种情况，转基因技术的科学普及被首次写入2015年中央一号文件。

为切实落实一号文件精神，帮助大家学习了解转基因知识，开展转基因科普宣传活动，我们对近年由权威机构、同行专家在进行转基因科普活动中表达准确、深入浅出、语言生动的材料进行了整理汇编，以飨读者。

编　者

2015年5月

MULU

目 录

转基因大有前途　中国不能落伍

韩　俊

［2015 年 2 月 3 日中央农村工作领导小组办公室副主任韩俊解读中央一号文件《关于加大改革创新力度加快农业现代化建设的若干意见》］

中国现在已经批准进行商业化种植的转基因作物是棉花和木瓜，现在棉花基本都是转基因的了。同时，我们批准进口了一些国外的转基因的农产品，包括油菜籽、棉花、玉米，主要是大豆。我们去年进口的大豆超过 7 100 万吨，大部分都是转基因的大豆。

今年的中央一号文件对转基因问题有一句表述，就是要加强农业转基因生物技术研究、安全管理和科学普及。加强农业转基因生物技术的研究，这一点是我们一贯的政策，因为转基因可以说是大有发展前途的新技术、新的产业。可以说中国在转基因的研究领域，我们起步还是比较早，我们有很好的一支科学家队伍，虽然我们总体上是跟世界发达国家的水平在研究方面存在明显的差距，但是在有些领域我们可以说是处在世界领先的水平。特别是关于转基因水稻的研究，可以说是处于领先的水平。我们是支持科学家要抢占农业转基因生物技术的制高点，中国作为 13 亿人的大国，人多地少，农业发展面临的环境资源约束越来越强，在转基因生物技术的研究方面我们不能够落伍，这一点是明确的。

今年中央一号文件提出要加强农业转基因生物安全的管理，这一点也是中国一贯的政策。中国从自己的国情出发，借鉴国际经验，可以说我们已经建立了跟国际接轨的农业转基因生物技术安全管理的法律法规体系、技术规程体系和政府的行政管理体系。这一套体系可以说覆盖了转基因从研究、试验、生产、加工、进口许可到产品标识的各个环节，可以说在中国所有的活动、所有的行为都是有法可依的，都是有章可循的。如果没有经过批准，私自来制种、私自种植，这肯定是违法的。我们的行政主管部门只要一发现，肯定是要依法给予严厉的处置，这是毫无疑问的。

因为今年的一号文件 2 月 1 日已经发布，昨天我看媒体包括网络上大量的在关注一号文件的一些热点，其中关注的一个问题：加强农业转基因生物技术的科学普及。转基因，我们首先应该承认它是一个科学问题，我们不搞研究的，可能就知道一点皮毛，也只能去看一些科学家的文章，了解一些基本的知识。我们未见得对它的来龙去脉了解得这么准确，但是转基因确实是非常敏感的全社会关注的问题，它是老百姓在日常生活当中关注的一个热点问题。

科学问题有时候会变成一个社会问题，你看像媒体报道，甚至到菜市场、食品店里问一个消费者，一问转基因，有的人会谈转基因色变。为什么要强调加强转基因技术的科学普及呢？就是希望我们要让社会公众也包括媒体要全面客观、原原本本地对转基因的技术来龙去脉、发展的历史现状以及它的特性和安全性、存在的风险，包括对我们现在中国的这一套安全管理体系，也包括其他国家的转基因生物技术的安全管理体系能有一个比较清晰的、比较全面的了解。要揭开转基因技术神秘的面纱，在尊重科学的基础上，能够更加理性地看待转基因技术和转基因的产品。中国作为一个大国，有一点是明确的，我们中国的农业转基因产品的市场不能都让外国的产品占领。

食品安全全面剖析解读

陈君石

（中国疾病预防控制中心营养与食品安全所
研究员、中国工程院院士）

写这篇长文，最主要的目的是呼吁大家尊重专业，尊重知识，特别是各位有影响力的大V和媒体，因为你们在一定程度上也代表着专业和知识。食品安全它确实是公共话题，但更是一个专业领域。换位思考下，当你们谈论民主、自由这样的话题时，当你碰到一个什么社科名著都没读过，对法国大革命、美国独立战争、苏联解体等一知半解的大谈民主政府，估计也会嗤之以鼻，并认为他的观点不足为信。

食品安全也是如此，它涉及食品科学、监管制度、企业管理和行业现状等，其中每一项的专业性都是很强的，如果你只是想简单地重复着“政府应该加强监管”这样的批评，那确实是无所谓专业不专业，但这种言论初中生都可以说，而且本质上无助于解决问题，而当你一超出这个范畴发表意见，你很可能就错了。

我不是解释这些问题最合适的人，算是抛砖引玉吧。下面都是大家最关心的“常识”问题，但很多人对于常识问题最容易想当然，所以这也是分歧与谬误的开始。

1. 所有食品企业的问题都是食品安全问题吗？

答：有时候不是。食品安全一般不讨论与“健康危害”无关的事。世界卫生组织将食品安全界定为“对食品按其原定用途进行制作、食用时不会使消费者健康受到损害的一种担保”，它的核心是“健康”，它和产品的质量或营养是有一定区别的，虽说质量不好或营养不好的食品也可能造成健康问题，但营养不好的食品也可能没健康问题，这之间不能划等号；它也不讨论商家的经营方式和诚信问题，比如去年的味千拉面，它是个好话题，但其产品本身没有健康危害，属于诚信问题。

2. 食品安全是能做到零风险的吗?

答：不可能，食品安全没有零风险。我们做任何一件事，甚至是坐在家里什么也不做，都可能面临风险，何况是“吃”。且不说人类自身、人类的食物无时不在面对着复杂的客观环境（空气、土壤、微生物等），有已知的，还有未知的，即使是属于主观能动方面，也有偶发事件、人力不可及的范围及操作成本问题。零风险只是个美好的愿望——无论你是自己种植还是大规模种植，无论是初级农产品还是深加工，无论谁来生产谁来监管，都没有零风险。没有零风险，我们还是要种植、要生产、要消费，道理很简单，我们都是吃货，不能不吃。

所以食品生产不是要承诺零风险，而是要将风险降得越低越好，降到风险可控的范围。对于食品安全“事件”要进行具体分析，因为具体情况很复杂，有些是人为的、主观恶意的，但也有其他原因——这个道理我想大家都会认同，但在实际中，大家往往就没这么冷静了，只要一有报道哪个企业的产品出了问题，经常是事件还没查明，大家就开始表态，开始批判，开始给企业定性了，为什么会这样？因为你潜意识里还是认为企业是完全不应该发生任何事件的，所以尽管骂，骂错了没事！

3. 不合格的食品就是有危害的食品吧?

答：不一定。一个产品被判为不合格原因很多，标签问题、超过保质期、产品质量不符合国家标准等。超过保质期的食品有可能只是风味不佳了，未必就有害；至于产品质量不符合国家标准，因为标准的制定一般都会留“安全余地”，所以只能说不符合国家标准的产品会有引发健康问题的“风险”，但并不绝对致病。举个例子，去年闹得很凶的含菌水饺，它是不符合当时的国标，属于不合格食品，但考虑到当时国标规定得太严，而且水饺煮着吃就可以杀灭那些病菌，所以这样的“不合格产品”基本是没事的。对于媒体报道的不合格食品，不要直接下定论有危害，也用不着马上恐慌。

4. 含有危害物质的食品就是“毒食品”吗?

答：不一定。科学松鼠会的作者们常说“离开剂量谈危害就是耍流氓”，就是说，是否产生危害要看该种物质的剂量。所谓的致病物质（包括“致癌物质”）在自然界中广泛存在，并不是说一种食物中含有某种物质就能一定致病，致病还要考虑其剂量、致病条件，这是最基本的常识。你可能会说，也许一两次不会致病，但长期食用谁能保证不致病呢？（长期食用可能致病是媒体最常用句子）确实是这样，所以我们要制定标准，标准的制定一般都会考虑“长期

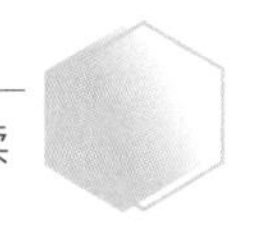

食用”的问题（包括照顾到特殊人群，如老人小孩），所以不超过标准规定的限量值一般是不用担忧的，也不用盖上毒食品的帽子。

5. 超过标准限量的产品一定是有危害的对吗?

答：应该说，大部分时候都是这样，但不能将其绝对化。这需要对标准的制定有一些基本了解。标准制定的初衷当然是为了对食品中的危害进行合理、有效控制，对健康进行保障，但这种控制，当它表现成文本以后，它唯一能够被所有人接受的就是：它是执法依据。国家食品安全标准的地位和法律是等同的，所以违反国标的产品肯定是不合格产品，企业也应该承担相应的责任，包括可能召回、对消费者赔偿、接受监管部门的处罚。

再看我开头说的，既然是“对食品中的危害进行合理、有效控制”，那么标准的制定就涉及危害性的评估，包括对“合理、有效”是怎么理解的。目前来说，科学界对很多物质的危害性也许有大体上的共识，但绝不是所有的组织、国家和区域对所有物质在量值上都有完全步调一致的判断——也就是说，人类对健康的判断本身就有差异性；对“合理、有效”的理解就更为宽泛、复杂了，它可能需要考虑国情、居民饮食习惯、行业企业发展状况、生产实际、监管可行性等因素。举个例子，粮食霉变会产生黄曲霉毒素，而黄曲霉毒素是强致癌物，那么理想中是把黄曲霉毒素的标准定得越严越好，最好不要检出——但是，标准提高一点可能就意味着几千万斤粮食废弃，对于一个粮食短缺的国家，是选择饿死人，还是选择提高十几万分之一的致癌概率？答案不言而喻。所以说，标准值是各种要素的平衡，虽然健康是其中占比最大的一块，但不是唯一（好比两人结婚，两情相悦肯定是最重要的因素，但不是唯一的因素）。基于这些观点，对标准的态度应该这样：

①产品超标，肯定是更趋于有健康危害的，但对于具体事件仍要具体分析。如前所述，标准一般是留了“安全余地”的，所以有些情况即使超标了也不会有即刻的健康危害（除了安全余地，还有很多因素支持这一点），但有些情况则必须极为严苛，比如婴幼儿食品中的重金属绝不允许检出。

②对于国标国内标准的差异，只要不是相差很大，一般也不用特别大惊小怪，因为有时候这些差异与健康关系不大，而是考虑到其他因素。比如茶叶，欧盟制定严苛的农残标准，其中有一点就是制造贸易壁垒——如果中国也执行这么严格的标准，大部分茶企根本就不用生产，连检测都做不起。

③要承认，受限于科研或其他原因，标准中也可能出现不合理的规定。换个思维，我们国家的法律中有没有不合理的（甚至是大家说的“恶法”）？标准虽然是偏理性的东西，但还是会出现这种情况。

④正因为有各种环境、要素、认识的变化，产业的发展，所以标准处于不断地制修订过程中。标准需要不断修订，也反证了各项标准值和健康危害并是绝对框死了的关系（也反证了另一种极端情况，就是合乎标准的也可能还是有危害的）。

那么，从消费者的角度来说，当看到各种所谓的超标报道时，真不用急着恐慌，先看看具体危害的分析吧！某某专家说吃这个没事，从情感上你可能难以接受，但也不用特别反感，他说的很可能就是对的啊！

6. 可能致癌物会不会致癌？长期食用可能致癌？

答：可能致癌物就是“可能”致癌物。根据国际癌症研究机构致癌物质分类标准，1类是致癌，2A类可能致癌（在动物实验中发现充分的致癌性证据，对人体虽有理论上的致癌性，实验性证据有限），2B类可能致癌（对人体致癌性的证据有限，在动物实验中发现的致癌性证据尚不够充分；对人体致癌性的证据不充分，但是对动物致癌性证据充分；在有些情况下，不管是对人还是对动物致癌性的证据都很有限，但是有相关的机理分析可以提供证明）。显然，可能致癌与致癌肯定是有区别的，但不知为什么，前次黄酒中氨基甲酸乙酯在香港的原报道中还是“可能致癌”，到了某些媒体和网络上，就变成了“致癌物质”；苏丹红也是可能致癌，现在大部分人的印象都是“致癌物质”吧？如果“可能致癌物质”能简称为“致癌物质”，那干脆就不用分级了。摘个微博：国际癌症研究所对800多种化合物进行了分析，绝大多数都或大或小有致癌的可能性，若不分剂量地把含有这些化合物的食品都排除掉，你还能吃到什么？您不喝咖啡，不喝葡萄酒、白兰地和清酒，不吃泡菜，甚至不晒太阳？

不管是致癌或者可能致癌，都一样与剂量有关，因为得出这个致癌或者可能致癌的结论，本来就是根据一定条件下的一定剂量试验出来的。比如大家都听说过的“手机可能致癌”（属于2B级），其中一项研究对象即是平均使用手机10年以上，且每天通话超过30分钟的人群。吸烟增加患癌的风险，那也得是吸了很长一段时间啊，对于食品同样如此。

媒体报道中，最常见的就是“长期食用可能致癌”，这句跟“长期在路上走可能被车撞”有点类似。这样的句式它有可能指的是“每天大剂量地吃上几十年会有十万分之一患上某种癌症的可能”，所以最好的办法就是自己查证一下靠谱的资料，然后看看自己到底值不值得冒险吃一点这个东西。

7. 还有什么是能吃的？

答：现实中大家都吃得挺欢的。我这么理解大家的担忧：似乎每个食品行

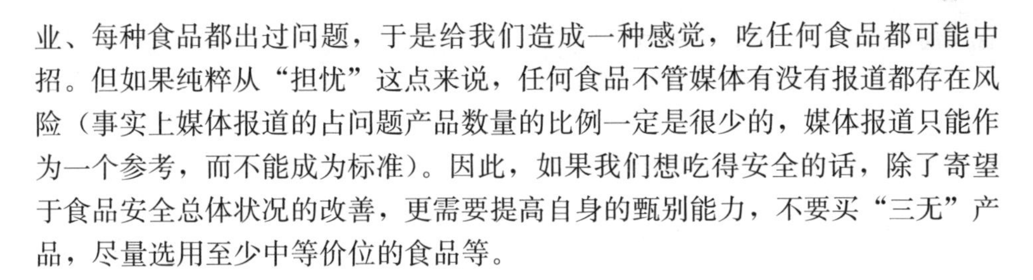

业、每种食品都出过问题，于是给我们造成一种感觉，吃任何食品都可能中招。但如果纯粹从“担忧”这点来说，任何食品不管媒体有没有报道都存在风险（事实上媒体报道的占问题产品数量的比例一定是很少的，媒体报道只能作为一个参考，而不能成为标准）。因此，如果我们想吃得安全的话，除了寄望于食品安全总体状况的改善，更需要提高自身的甄别能力，不要买“三无”产品，尽量选用至少中等价位的食品等。

8. 是不是以前的食品就更安全?

答：这个问题跟问“是不是以前的交通更安全”有异曲同工之处。现代食品更丰富了、流通更广泛了，在这个庞大的基数上，无论以什么概率来算，食品安全事件都是“剧增”了，再加上我们的食品安全意识提高、媒体曝光增多，能看见的食品安全事件当然是更多了。不过，就算从绝对的角度来看，以前的食品也未必就更安全。网易曾经做过一个专题叫“谁说改革开放前的食品就靠谱”，从我们最日常食用的大米、蔬菜、茶叶、酱油来说，“以前的”都不见得更安全，那时候的陈化米比现在的多，发霉的粮食都不舍得扔。很多人以为那时候农村的蔬菜就更“绿色”，有一部分当然是这样的，因为那时候的工业污染、生活垃圾污染还很少，但那时候使用高毒农药（敌敌畏、六六粉之类现在已经禁了）。

在物质匮乏的年代，其实是不太顾得上食品安全的。以前的冰棍里多放点糖精色素，那叫有滋有味，现在多放点色素，叫做乱添加。冰棍外面用层薄纸片包着，管它什么食品安全。大家也不会想回到那个贫乏的年代了，好比大家都说路上太堵，也没听谁说想回到那个一上午只见到两辆东风货车的年代。

9. 能不能别放添加剂?

答：如果从绝对安全的角度来说，当然是不吃任何添加剂为好，但为什么还是要放添加剂呢，理由也很简单，因为有好处：可以吃到更丰富、更便利的食品。所以，食品添加剂的关键就在于评估其风险，制定出一个“限量值”，让人在按照规定食用的情况下，好处能远远超出风险。

如果你觉得这些风险评估是不可信的，或者你没兴趣去了解它是防腐还是增香增色，那么你也可以别买，现在食品添加剂都在标签上写着（不能说所有食品都如实标注了，但大部分食品都标注了），那么只要有 1/3 的消费者不选择含有添加剂的食品，不仅生产添加剂的厂要倒一大半，连食品企业也要关门一半。但是，如果你说你不想看标签，只希望厂家“自觉”地不要添加，同时你还想获取丰富、便利的食品，那么真做不到！世界上没有纯粹只有好处而没有任何风险的事。我真心觉得，如果你想获得你想象中的“安全食品”，你那自己就是“第一责任人”，因为你有最为重要的消费权、选择权。比如，你觉得增香增色是多余的，那么你可以选择没有这些添加剂的食品，当像你这样的人多了，那么这类添加剂自然就会被淘汰。

10. 为什么食品安全事件越来越多？

答：上面已经回答了这个问题，再归纳一下：食品的基数在增长，必然事件越来越多（指在一定时期内，过了某个时期，也许基数在增长或不变，但事件越来越少）；因为对食品安全的认识在提高，很多原本没有意识到、不列入食品安全问题的现在都算了；从主观上来说，媒体报道得越来越多，你也会“感觉”到这类事件越来越多。

特别要指出一点，即使列出一百条食品安全事件增多的原因，我也不认为道德越来越败坏、商人越来越无德是其中一条。其实大家是先有事件增多的感受，再认为商人越来越无德的。但无论如何这都是错的，因为我们的社会道德并没有越来越坏。

11. 为什么总是这些大企业出事？

答：这是一个完全错误的认识，在食品领域，大企业出事的概率远远低于小企业。原因很简单，你可以去看任何一级工商部门任何一个季度发布的不合格产品信息，里面几十条信息，99. 9%都是小企业的产品，假设某天某地工商部门突出曝出一条大企业产品不合格的信息，那么媒体就会像饿狼一样扑上去，等得太久了啊！从媒体的性质来说，就是这么下贱，每个季度都会发布的不合格食品信息，小企业他们根本就无动于衷，因为不轰动，没新闻价值，大鱼才刺激。所以你认为媒体报道食品安全事件首先是为了公众的健康，呵呵呵……

大企业出事的概率远远低于小企业，这是一个不用太费神的常识，大企业技术设备更好、人员素质更高、经验更丰富、更注重品牌保护，无论怎么说食品安全的保障能力都更强。

我们更关注大企业当然也有道理的，因为他们的产品影响的人更多，但也别认为大企业就是更大的“敌人”。

12. 为什么企业可以参与国家标准制定？

答：这个问题的潜台词是让企业参与国标制定，那么他们不是肯定会照顾自己的利益？这种担忧当然不是多余的。在《食品安全国家标准管理办法》

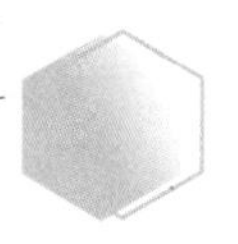

中，规定“择优选择具备相应技术能力的单位承担食品安全国家标准起草工作”，又规定“提倡由研究机构、教育机构、学术团体、行业协会等单位组成标准起草协作组共同起草标准。”也就是说，企业具有起草的资格，但不“提倡”。不过，在很多行业里，行业龙头企业的科研能力、行业经验都是不容忽视的，甚至领先于教育机构、科研机构，有一些国标本身就是随着行业企业发展而诞生，或是从企业标准、行业标准发展而来的，所以将企业排除出去不现实，也不合理。另外，标准制定出来是需要企业执行的，而企业应该是对行业现状、生产情况最熟悉的，没有企业的参与很可能偏离现实可操作性。

总之，企业是标准制修订的“生力军”，难以忽视。至于防范企业“挟带私利”，最好的办法就是让标准的起草和审订过程最大限度的公开和透明。对于企业可能“绑架国标”也不用特别担心，因为在大部分情况下，如果我是行业龙头企业，我肯定倾向于把标准制定得更严一点，我的技术、生产条件在行业是领先的，标准严了就是一道门槛，有利于我竞争啊。

13. 为什么总是媒体先曝光监管再介入?

答：这也是一个完全错误的认识，而且也是一个简单的常识。因为你总关注那些媒体先曝光的新闻，而媒体的曝光又是带有选择性的。媒体没有曝光的，比如监管部门每季度例行抽检的结果，你都看了吗？看一组数据：“去年6月到今年1月，8个月中，我们监测到各类媒体报道的有效新闻总数为13 071条，其中59%是政府主动发布的新闻，12%是消费者投诉举报的信息，7%是评论杂谈提到的，5%是记者暗访披露报道，还有2%是企业自己发布的。所以，从这几个数字我们也能看到，政府在发现食品安全事件或者查处食品安全事件这方面，还是占绝大多数。”（国务院食品安全办监督检查司副司长于军2012年3月谈话）这里面提到，记者暗访披露的报道为5%（不知道为什么加起来不是100%）。

14. 现在的“砖家”还能信吗?

答：大家很不满意，在食品安全事件出来后，似乎总有专家出来辟谣，这专家的动机很值得怀疑。我也承认，确实会有一些专家为企业、利益集团说话。不过，我觉得这种现象更常见：某篇食品安全报道出来，如果里面有专家说这东西有什么危害，大家一般是不会怀疑这个专家说错了的（有些报道甚至用“据专家称”这样的表达，连专家名字都没有），但如果过几天，有专家胆敢说这东西危害不大，那肯定是“伪专家”。但如果这个伪专家某天在另一件事上说了某东西有危害，这时候他的言论又是可信了的。所以，我觉得不是专家可不可信的问题，而是你只想听你愿意听的东西，其实你自己就是专家。

对于专家的观点可不可信，要看具体情况，我的方法是，任何一件事出来，都尽可能听听两方面的声音，自己找一些可靠的资料，然后自己判断。

对于专家本身，我总体的态度是尊重，哪怕这个专家曾经发表过一些我并不认可的观点。我看见一些食品安全事件中，如果有专家为政府、为企业说了辩护的话，很多的人就极尽恶毒之言，我觉得对于一个不尊重专业、不尊重知识分子的民族，吃点不安全的食品只是最轻的惩罚。

15. 我们国家的食品安全监管是不是最差的（或最好的）？

答：我说“在食品安全方面，我们是全世界监管力度最强的国家。”结果被骂了，微博上很多人骂得极其难听。我对其他国家监管制度、监管现状了解不多，只从个人感受来说，我不同意我国是监管最强的，也肯定不认为是监管最差的。监管得好坏，涉及很多方面，陈院士说的也许是我们的监管制度是最严的，这一点或者是对的，但在制度之外，要考虑的还包括人力、检测技术、配套的财政支持等因素。我想说两个让我国的监管效能大打折扣的地方，一是地方保护主义，众所周知，我国的“吏治”实在称不上好，选择性执法、监管不作为、利益勾结是常有的事。地方政府因为顾及到税收和就业，对于一些生产假冒伪劣产品的企业睁一只眼闭一眼，比如蜂蜜行业，广西桂林某个企业，近五六年来曾被全国各地工商局不下十次抽检到不合格（蜂蜜掺假或造假），但这个企业居然一直没事（类似还有其他省的多个企业），这种奇怪的现象除了地方保护主义没有其他的解释了。二是基层监管人员的专业素质不行，因为中国的工商和质监部门，在2000年以前进了大量的退伍军人，这些人都是非专业的（因为这几个部门以前要收费，退伍军人很合适），还有他们的检测设备也是这几年才慢慢配起来，基础太弱。基于这两点，我不能认同我们的监管是非常好的。

16. 食品安全问题的根源都在政府，都是监管不力？

答：放在很宽泛的角度来说，也许是这样的，因为我们的政府不仅有监管责任，还要承担制定产业政策、经济调控、市场培育、维护治安、风俗教化等责任，所以你说一切问题的根源都在政府也错不了。但是，我们也知道，当教科书和新闻联播说近30年经济发展的成就都是党和国家领导有方的时候，我们也知道这是不对的，我们还得益于世界经济发展大潮、技术进步以及人民的创新、努力，所以问题来了，既然我们不认为“功劳和成绩”都是政府的，为什么又会认为“问题和责任”都是政府的呢？

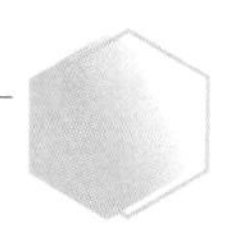

具体到食品安全，政府监管当然是要负主要责任的，但也强调企业是第一责任人，我认为这不是说比较哪个的责任更大，而是不同的主体在不同的层面发挥作用。任何一种力量都是有边界的，监管也不可能深入到每个细节中，同时监管还是要考虑成本的，而监管的成本大部分都会转嫁给消费者。此外，在讨论企业的第一责任人时，我们还可以把概念扩大一些，即食品产业发展状况和市场经济发展程度，这两者也在极大的程度上影响了食品安全。一个中小企业众多的行业、一个无序竞争的市场都导致食品安全发生的概率增加。

17. 我国的食品安全状况到底处于什么状况？

答：在官方的评价中，最常见的词语包括：总体可控、稳定向好、形势严峻、任务艰巨、时有发生。总体可控是局面，一般不会频繁发生恶性食品安全事件，稳定向好是指趋势，形势严峻是指仍然面临诸多风险，任务艰巨是指还有大量的工作要做，时有发生是指事件发生的频率。我认为这些概括还是可信的，我的判断源于两点：食品产业总体在向着整合、变强、有序的方向发展（我认为食品产业的发展状况是比监管更深层的制约力量），另外就是社会的法制和道德状况并没有变得更坏。

尽管大家对食品安全担忧最多，意见最大，总是骂企业没有良心，但我坚持这样的观点：一个社会不可能某一个领域单独变坏，不可能某一群人的道德水平就明显更低。如果有一个横向的打分体系，我甚至认为食品安全可能评分不低，因为从“假冒伪劣”这个角度评判，食品安全毕竟有一个底线在那里，而其他领域是看不见底线的，比如劣质教育、劣质工程、劣质医疗、劣质媒体、劣质司法……我不知道你在从事哪个行业，但当你骂食品安全的时候，你可以想想你的行业是否为社会提供了优质的产品。

18. 如何看待媒体的食品安全报道？（或如何分析食品安全事件）

答：公众对食品安全事件的认识基本源于媒体的报道，而不可否认的是，媒体报道是在对素材进行人为选择、人为加工并很可能是按照特定立场而制作出来的，而且受制于编辑记者自身的专业水平。所以，我认为对于媒体报道首先要破除迷信：即媒体报道就是可信的，媒体说的就是“真”的。我们不能说媒体报道就是造假，但媒体报道不准确、不客观、不理性的情况比比皆是。媒体界的朋友应该很清楚，在没有新闻立法的情况下，政府对媒体的管控是涉及政治和意识形态的就滴水不漏，而对其他领域则处于放羊的状态。

媒体报道可能在食品安全事件的任何一个环节失真（包括造谣），最常见的失真点就是危害性，因为一般无害的东西媒体是不会报道的，所以也存在把无害的东西说成有害的冲动；其次就是原因分析，媒体会急于给事件定性，并很快将问题上升到企业无良和监管不力，因为这两个结论是最利于进行即刻的道德批判，并煽动公众的情绪的，从而达到多卖报纸或吸引点击的目的。

要想说出一套可以分析任何食品安全事件的理论是很困难，但我认为，一个好的食品安全报道应该对危害性、事件过程、事件原因都有诚实的呈现。下面我简要分析一下去年 10 月份的“含金葡菌水饺”事件，因为这起事件集齐了上面提到的各种要素。

①扩大危害性。“思念水饺被检出金黄色葡萄球菌可引起肺炎”——这是北京工商局发布思念水饺被检出金葡菌的公告后，第二天《法制晚报》的报道标题，“可引起肺炎”的说法随后被各网站和媒体广泛引用。真相：科学松鼠会、果壳网均有文章介绍，通过饮食方式吃进去的金葡菌并不会导致肺炎，金葡菌广泛存在，其危害也并没有那么严重。通过对报道原文的搜索可知，记者写的这段话原原本本地摘自某个网页，但是这个网页上的内容既非学术论文，也没有索引，甚至没有一个可以佐证的其他网页，最关键的是，它没有搞清楚金葡菌引发肺炎是在什么条件下，跟食品安全有没有关系。同时，作者也没有去采访医学专业人士。

②突出龙头企业。媒体报道：思念、三全、湾仔码头三大品牌全部沦陷了！真相：在广州市工商局公布的抽检结果中，除了三全，包括海霸王、合口味等六七种品牌都检出金葡菌了，但由于其他的是二三线品牌，所以被无视了。

③“国标倒退”。速冻面米新国标（征求意见稿）在这时候很不巧的发布。新国标中金葡菌由原来的不得检出变成了可以检出，也就是说，原来不合格的饺子，现在有可能是合格的了。于是被媒体认定为国标倒退。真相：金葡菌的致病不是细菌本身，而是细菌大量繁殖后所产生的肠毒素所致，国标规定只要能控制不产生肠毒素，则无所谓倒退不倒退；新标准中对沙门氏菌指标加大了采样和检验量，要求比旧标准更严格。此外，在国际上，类似产品中的金葡菌均是允许检出的。

④大企业绑架国标。因为新国标被指为倒退了，所以媒体紧接着的指责是大企业绑架国标。真相：在几大饺子品牌曝光之前，新国标（征求意见稿）已经发布（其中思念水饺被检出不合格是在 7 月份，但曝光是在 10 月，征求意见稿是在 9 月发布）。此外，一个国标的修订往往要历时一两年以上，新国标的修订跟此次事件没有必然关系。

⑤对事件的错误定性。为什么水饺里会检出金葡菌？因为猪肉中大概有 17％的比例会携带少量的金葡菌，要求完全不得检出是非常困难的，即便是企

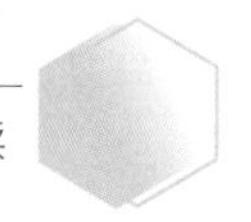

业没有主观恶意、没有生产管理上的疏忽，还是可能出现这种情况，看历年的各地抽检公告就知道，速冻面米制品中被检出金葡菌是常有的事。

⑥不严谨的知识。“加热 80℃，30 分钟可被杀灭……”于是大家惊呼，水饺煮 30 分钟还怎么吃啊！真相：肉制品中的金黄色葡萄球菌在 60℃时加热 6 分钟被杀灭，牛奶中的金黄色葡萄球菌在 75℃时加热 1.2 秒被杀灭（ICMSF 数据），食品达到 165 华氏度（即 73.89℃），即刻就可以杀灭食品中包括金黄色葡萄球菌在内的致病菌，确保食用安全（FDA 数据）。

⑦奇怪的建议。媒体：要保障自己的健康，就回家自己包饺子！真相：自己买的肉里面同样可能携带少量金葡菌（鲜肉国标《GB9959.1－2001 鲜、冻片猪肉》并不要求检测金葡菌），你买的肉和食品企业买的肉其实是一样的，而且企业在低温环境下包饺子也不会比你在常温下包饺子产生毒素的可能性更大。

最后特别提一点：我从未见过一家媒体为其对食品安全的失真报道致歉并承担相应责任的。请公众谨记这一点，他们是可以没有底线的！

19. “我才不需要了解这么多，只要企业生产出安全的食品就行！”

答：在我们进行的问卷调查活动中，发现有不少持这种观点的人。他们认为，自己不需要了解食品安全相关知识，关键在于企业。了解一些食品安全知识的好处其实不用多说，那么，消费者增长食品安全知识跟促进企业食品安全有没有关系呢？当然有，因为消费者有最重要的选择权。企业生产食品，本质上是一种市场行为，而“安全的食品”跟成本有直接的关系，好的原料、设备、人力、检测等都关乎成本。事实上，有很多微利行业，就是因为低价恶性竞争导致一些企业偷工减料，最后生产出不安全的食品。消费者了解相应的食品安全知识后，其消费就会变得更理性，包括有意地回避食品安全风险更高的食品、愿意为安全食品提供相应的购买力。同时，具备相应的食品安全知识后，消费者还可以成为更好的“监督者”。

20. 我们该关注什么样的食品安全？

答：事实上，我们的媒体、舆论把太多的注意力放在了一些根本算不上事的事了。从业内来看，食源性疾病才是当今食品安全的头号敌人，其次是化学性污染（包括重金属污染、农残药残、天然毒素），排到后面的才是非法添加和滥用食品添加剂。根据世界卫生组织的定义，食源性疾病是指病原物质通过食物进入人体引发的中毒性或感染性疾病，常见的包括食物中毒、肠道传染病、人畜共患病、寄生虫病等。其中，食源性疾病中 98.5%是致病微生物污染引起的，其发病率居各类疾病总发病率的前列，是全世界公认的头号难题。卫生部每年收到的食物中毒报告在600～800起，死亡上百例，而事实上还有一大半的没有报上来（漏报）。最近的一起食物中毒事件是温州的因食用织纹螺而引起的（死亡1人）。可以说，食物中毒的杀伤力不是其他的食品安全问题所能比的，这才是食品安全风险最高的区域，不管是媒体，还是公众，都应该多传播这方面的知识，了解这方面的信息，增强自我防范意识。

转基因不能一概而论

袁隆平

[2014年1月21日，杂交水稻之父，院士、湖南杂交水稻中心袁隆平研究员在与华南农业大学国家航天育种中心签署协议时谈了对转基因看法]

针对很多人“谈转基因色变”的现象，袁隆平院士表示，转基因不能一概而论。我国大量进口美国和巴西生产的转基因大豆，是将抗除草剂的基因转到大豆上，“这些转基因大豆我们吃了没问题的。”

关于“超级杂交稻良种良肥高产攻关”的合作，袁隆平表示，双方计划在2018年突破每公顷产16吨的目标，争取通过两年攻关，在2016年提前突破。据介绍，目前要实现16吨的攻关目标已拥有了品种，关键看良种、良法、良田、良态的“四良配套”，良法最重要因素是肥料要好，良态则是良好的生态环境。

袁隆平在仪式上表示，此前有媒体关于他说“吃转基因食物就没有生育能力”的报道有误。他的原话是：“我愿意吃转基因大米来亲自做这个实验，但问题是我已经80多岁了，没有生育能力了。”

转基因面向未来

范云六

（中国农业科学院生物技术研究所研究员、院士）

提要：在转基因产业化问题上存在一个必然：你不采用自己的技术，那么就只能选择别人的产品，坐等制高点被别国占领。推动转基因技术成果的产业化事实上已经迫在眉睫。

如果要评比2014年年度关键词，“转基因”无疑是有力竞争者。8月份两种转基因作物（抗虫水稻和植酸酶玉米）的安全证书到期曾掀起媒体议论高潮，9月份习近平总书记关于转基因产业化发展的讲话发表之后，公众和媒体对于转基因的关注度更是空前高涨。

我很欣慰能看到媒体对于转基因愈来愈多的正面报道和正能量传播，以及政府相关部门的积极表态。此前，曾经有25位诺贝尔奖得主联名写公开信，呼吁公众要相信科学、相信科学共同体、相信转基因技术和转基因食品的安全性，但在中国并未引起足够反响。

事实上，中央对于转基因的态度是一贯的，我们从几年前的中央“一号文件”完全可以看出这一点。习近平的讲话则是高瞻远瞩地亮明了一个警示式的态度：必须占领转基因技术的制高点，决不能让中国的转基因农产品市场都被国外公司占领。

“十年浩劫”

有一个有趣的小故事。若干年前的一次学术会议上，某与会者提问：“李鹏总理时期，政府在转基因领域投入数百万元；朱镕基总理时期，政府的该项资金达到了上亿元人民币；温家宝总理时期，转基因专项投入超过了百亿元；那么，下一任总理将准备为转基因投入多少个亿？”中科院遗传所的朱桢研究员当即指正：“你更应该问的是：到下一任总理，科学家将回报国家几千个亿？”

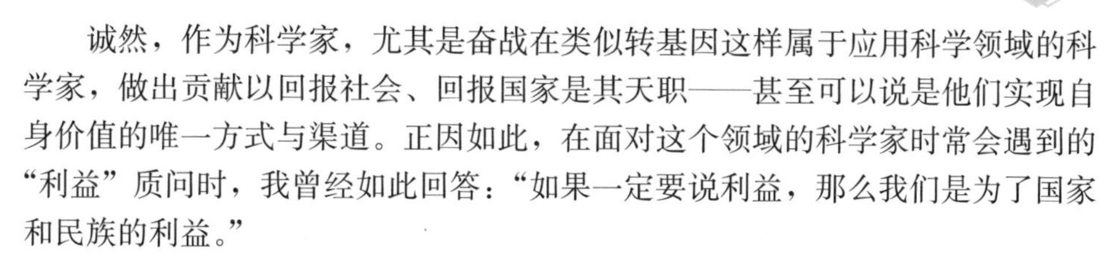

诚然，作为科学家，尤其是奋战在类似转基因这样属于应用科学领域的科学家，做出贡献以回报社会、回报国家是其天职——甚至可以说是他们实现自身价值的唯一方式与渠道。正因如此，在面对这个领域的科学家时常会遇到的“利益”质问时，我曾经如此回答：“如果一定要说利益，那么我们是为了国家和民族的利益。”

——事实上，单是抗虫棉这一种作物，十几年来所创造的价值就已经远远超过国家在转基因研发领域的所有投入。

然而，持续十年之久的妖魔化转基因行动所造成的舆论压力，阻碍了更多成果的产业化，令科学家报国无门。

再次强调，转基因是建立在分子生物学基础上的应用科学，其研究成果的价值一定要在产业化过程中才能体现；而当前中国转基因育种成果产业化的最主要障碍便是舆论阻隔。在这个基础上，我们不妨总结一下过去十年转基因育种领域因舆论干预而遭致的损失。

首先是大量成果停留在试验田中，各科研机构的资金投入、科学家多年的辛勤工作都打了水漂。这是直接损失，很容易理解。

舆论压力下产业化遇阻，取而代之的是，科研机构无休止地进行着各项在科学上毫无意义的、完全属于重复劳动的安全性试验，大量科研基金白白浪费。这是间接损失之一。

抗虫水稻和植酸酶玉米被束之高阁，迄今农药污染和水体磷污染依然如故，全球稀缺的磷矿资源继续加速走向枯竭（下文会详细介绍这个问题）。其他成果与此相似。这是间接损失之二。

最严重的是，研究成果得不到应用，科学家的个人价值不能实现，研究人员的积极性遭到挫伤，在研究生、博士生招生中，这个领域对优秀生源的吸引力大打折扣，严重影响后继人才的培养——这对未来中国在这个领域竞争力的影响不言而喻。

我相信，任何一个明眼人都会认同这样一个结论：过去这十多年的妖魔化转基因的活动，对于中国转基因育种领域来说无异于经历了一场浩劫。

中国走到了哪一步？

多年来，关于转基因安全性纷纷攘攘的讨论，已经掩盖了科学家的贡献，在此有必要重温一下过去几十年来中国科学家究竟都做出了什么成果。

在反对转基因的风暴刮起之前，中国已经批准种植了抗虫棉和抗环斑病毒番木瓜。抗虫棉的成就有目共睹，它挽救了中国的棉花产业，每年节省大量农药（减少80%以上，还需要喷洒少量农药以对付次生虫害），在保护环境的同时，大大减少棉农的劳动量，同时显著减少农药中毒案例（抗虫棉出现之前，中国每年因操作不当而死于农药中毒的棉农超过300人）。

市场上见到的番木瓜几乎都是转基因产品，非转基因番木瓜因易受病毒侵害，长得小而难看，且易腐烂。略为奇怪的是，对于人们直接食用的转基因番木瓜，反对的声音也不是太响。

获得安全证书而未批准产业化种植的两种转基因作物，大家更多关注抗虫水稻，而对于用作饲料的植酸酶玉米，公众可能会相对陌生一些，在此简单介绍几句。

玉米中含有大量植酸，这是一种抗营养因子，它导致玉米中绝大部分的磷元素不能被动物吸收利用，同时还和蛋白质及钙、镁、铁、锌等各种微量元素螯合，这让那些以玉米为“主食”的猪、鸡、鸭等牲畜（单胃动物）很容易因营养不良——实际上属于一种“隐性饥饿症”，这种征候人类也同样存在——而得佝偻病，严重影响生产性能，人们不得不往饲料里加入大量的磷酸盐及钙、镁、铁、锌等矿物元素。另外，不能被动物利用的磷元素随着动物粪便大量流失到水环境中，造成很难治理的磷污染。与此同时，农业生产中不可或缺、目前已成稀缺资源的磷矿，也因饲料行业的大量添加而加速损耗。

玉米在发芽时能产生一种叫植酸酶的蛋白质，它可以帮助分解植酸，从而释放出可供生物利用的磷及其他各种微量元素。之前，科学家研究出了发酵法生产植酸酶，用以作为饲料添加剂；但这种方法并不完美，它不仅高耗能，还要耗费大量粮食，且仅有规模化饲料生产企业具备添加植酸酶的条件，难以惠及农村广大的养猪、养鸡散户。

为此，我的课题组借助于转基因技术研发出植酸酶玉米，其籽粒能自身产生植酸酶来分解植酸，应用它来喂养猪、鸡、鸭等单胃家畜家禽，不但提高了动物对玉米中磷、蛋白质及各种微量元素的吸收和利用，而且有效减少由家畜家禽粪便排泄造成磷对水环境的污染，同时大大减缓磷矿资源的消耗。

顺便说一句，多数人不了解的是，抗虫水稻和植酸酶玉米两种作物，最初都不是国家项目，而是研究者看准了方向，由自己所在机构投入研发的。

除了这两种曾经获得安全证书的作物品种之外，中国科学家实际上还有很多成果被锁定在试验田中，比如中国农业大学戴景瑞院士所研发的抗虫玉米，中国农业科学院生物技术研究所林敏研究员研发的抗除草剂玉米、棉花、油菜，以及武汉大学生命科学院杨代常教授领衔研发的人血清白蛋白水稻等。

在转基因领域，科研成果的转化需要有配套的法律制度来护航。欧洲早年由于未重视转基因技术的研发，在制订跟生物技术相关的法律中针对美国设置

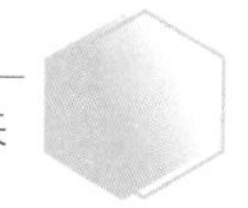

了一系列不利于转基因作物进口的规定。结果，现在这些规定也成了欧洲各国发展转基因育种技术的羁绊。中国事实上也面临着同样的问题。随着国内技术的发展，甚至于已经有了可以走出国门的优势技术，我们的法规条例也应该相应跟上，对那些不适应时代和技术发展的法规条例要及时加以修改。

差距和未来

持续十年之久的妖魔化转基因闹剧，谁是最大的获益者？无疑是孟山都等“跨国集团”们——我们在关门吵架，人家则一日千里。当反转阵营在为他们成功卡死我们的研发成果欢呼庆贺之时，美国、巴西和阿根廷等先发国家也正在为他们能输送越来越多的转基因大豆、转基因玉米给我们而频频举杯。

两个进口数字的攀升（每年数百万吨的转基因玉米、每年数千万吨的转基因大豆），以及我们从曾经的转基因作物第二大种植国退化到目前的第六位，都仅是表面差距；更让人担忧的是，我们在研发水平上，这十几年来跟龙头老大美国之间的差距被进一步拉大了。

中国曾经是除了美国之外唯一能自主研发转基因作物的国家。中国较早就建成了包括基因发掘、遗传转化、良种培育、产业开发、应用推广以及安全评价等关键环节在内的生物育种创新开发体系。我们唯一缺乏的，就是一套合理的市场准入机制。

但作为一项应用技术，科学家不能只停留在实验室中闭门造车；没有配套的产业化程序和制度，不能及时将成熟的成果推向市场接受检验，这个领域的研发必将陷入一种死循环。摆在眼前的一个案例，张启发院士 20 世纪 90 年代研发出抗虫水稻，当时领先于全世界；但随后十几年，他和他的课题组被迫无穷尽地重复各项试验工作，结果到了现在，其水稻品质已经跟不上时代要求；他较早就提出“绿色超级稻”概念，也难以全力投入（包括人力财力的投入）研发工作。

到了现在，美国已经能够将 6～8 种性状（包括抗虫、耐旱、抗盐碱、抗倒伏、抗除草剂等性状）转入同一种作物，我们则依然徘徊在单一性状、还在为那些子虚乌有的安全问题争论不休。

在国际上，转基因育种可以简单概括为两个阶段：第一阶段研发出的、目前已经实现产业化的主要是具有抗病虫、抗除草剂性状的作物，它们的主要功效是减少农药使用、具有环境友好、减少农民工作量，同时还能保障农业增产的转基因作物。第二阶段，科学家将发展可以节水耐旱、提高营养品质及能显著提高附加值的转基因产品。

在实验室和试验田中，无论是美国还是中国，科学家都已经走向了第二阶段。在美国，能够节水抗旱的转基因玉米即将走向商业化应用；富含β胡萝卜素、可以预防贫困地区儿童维生素A缺乏症的“金大米”已经完全研究成熟，未来一两年有可能在菲律宾实现产业化——全球每年有超过50万贫困儿童因维生素A缺乏症而失明和死亡，而中国一直是维生素A缺乏症重灾区，接近一半人口有或轻或重的维生素A缺乏症。

严格来说，我们研发的植酸酶玉米也属于第二阶段转基因产品。未来必然将产生深远影响的转基因产品还有两种。

一种是美国科学家研制的富含不饱和脂肪酸的大豆。人们都知道食用深海鱼油可以保护自己的心脑血管，美国科学家将深海鱼的基因转移到大豆中，研制出一种富含不饱和脂肪酸Omega-3成分的大豆，未来数年，这种具有显著保健功能的“深海鱼油大豆”有望上市。

另一种是前文提到的、中国科学家独创的人血清白蛋白水稻。人血清白蛋白是全球短缺，尤其是急救必需的血容量蛋白，中国每年需求量相当于1亿人的献血量（200毫升/人）。现在可利用转基因水稻生产，一亩地水稻生产的白蛋白可代替200人献血（200毫升/人），创造价值可达12万～16万元人民币。这一产品的推广必将急剧缓解当前中国的“血荒”。强调一句：这一成果不存在任何伦理问题及生物安全问题。

可以预见，未来的生物育种技术必将深入人们生活的每一个方面。任何一项成果，都不存在我们要不要用的问题，只存在“我们是先用还是后用、是用自己的技术还是用别人的产品”等问题。

放下成见，让转基因造福人类

转基因技术的产业化真的如一些人所说的那么不急迫吗？

是的，我们当前粮食没有紧张到那个程度，即使粮食自给的缺口进一步增大，我们也可以依靠进口来填补；然而——

我们的人口还在增多，人们对生活质量的要求还在提高，肉、蛋、奶所占饮食比例还在增大，这意味着未来我们还需要更多的粮食；与此同时，我们的耕地已经不可能增多，甚至可能会减少；

隐性饥饿症（包括维生素A缺乏症）还在贫困地区肆虐；季节性“血荒”依然遍及全国；

中国的水环境还在继续恶化，全球磷矿资源正走向枯竭；越来越多的农药还在侵蚀着环境和农民的身体；

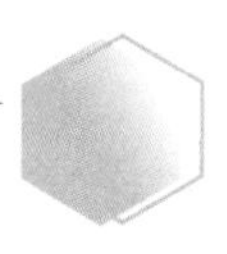

更重要的是，我们还在吃着品质相对低下、有着更多农药残留、相对不那么安全的传统食品；我们未来的粮食安全保障正在一步步被“跨国集团”所掌握。

我们还在等什么？

妖魔化转基因的人士最喜欢两个词：知情权与选择权。我在此反问一句：究竟是谁在以欺骗的手段剥夺公众的知情权，又是谁在以谣言构成的舆论攻势剥夺我们的选择权？

——对于转基因而言，更重要的知情权是让公众清楚转基因的实质及其安全性，而不是“这个或那个是不是含有转基因成分”，从科学角度而言，给转基因贴标签毫无必要（所以作为世界第一科技强国、同时也是转基因食品第一大消费国的美国，联邦政府坚决选择不强制标识）；更重要的选择权在于，应该让我们的市场、我们的餐桌多一种选择，那是有史以来最安全、最环保、最健康的一种选择。没有人逼迫你吃转基因食品，却有人阻挡我吃转基因食品。

对于政府相关职能部门，我想提醒一句：支撑转基因成果产业化的是强大而可靠的科学，反对转基因的舆论压力则纯粹来自妖魔化转基因的各类无中生有的谣言；我们面临一种权衡：究竟是谣言更值得重视，还是“失去转基因技术的制高点、让国外公司全面占领我们的转基因农产品市场”更可怕？

转基因大豆安全吗

黄大昉　中国农业科学院生物技术研究所研究员
布鲁姆瓦尔德　美国加州大学戴维斯分校植物学系细胞生物学教授
林　敏　中国农业科学院生物技术研究所所长、研究员
段武德　原农业部科技发展中心主任
黄昆仑　中国农业大学教授
杨晓光　中国疾病预防控制中心研究员
彭于发　中国农业科学院植物保护研究所研究员
贝内特　美国加州大学戴维斯分校教授
吴孔明　中国工程院院士、中国农业科学院副院长

[2012 年 12 月 20 日为什么要发展转基因作物？转基因食品对人体健康有害吗？就有关问题，《人民日报》“求证”栏目记者采访了中外专家。]

为什么要发展转基因技术

黄大昉：转基因技术是利用现代生物技术，将目的基因进行人工分离、修饰和转移而培育出新品种，从而赋予原来品种以新的优良性状。如转基因抗除草剂（草甘膦）大豆，就通过增加耐受除草剂的特性，节约了防除杂草的人工和成本。

布鲁姆瓦尔德：转基因作物有两大益处：其一，提供更高的作物产量。极端天气、水资源短缺等问题对全球农业的负面影响日趋严重，而运用转基因技术培育新品种，不仅能够抗病虫害和抗除草剂，甚至可以抗干旱，无形中扩大了宜耕土地的面积。其二，有效减少农药的使用。据英国咨询公司 PG Economic 发布的统计数据，1996—2010 年由于转基因作物的应用，化学农药用量减少 4.38 亿千克。

林敏：种植转基因大豆的国家包括美国、巴西、阿根廷、巴拉圭、加拿大、乌拉圭、南非、墨西哥、玻利维亚、智利、哥斯达黎加。另外，已有不少国家和地区批准进口转基因大豆，包括澳大利亚、加拿大、日本、瑞士、英

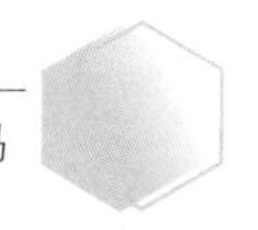

国、新西兰、俄罗斯、南非、泰国、土耳其、墨西哥、美国、哥伦比亚、菲律宾、中国大陆和中国台湾、欧盟、马来西亚等。我国进口的转基因大豆主要来自美国、巴西和阿根廷。

段武德：我国也开展了转基因大豆的研究工作，在大豆新基因发掘、转基因技术平台建设和新品种选育等方面取得了显著进展，但目前仍处在研究试验阶段，并未种植。

转基因会影响传代生殖能力吗

黄昆仑：转基因大豆问世以来，研发者及世界各国的多家独立机构进行了大量、长期的食用安全性评价，包括营养学评价、毒理学评价和致敏性评价等。试验证明，新引入的蛋白没有增加毒性风险，食用转基因大豆不会对人体健康产生不良作用。

以抗草甘膦（SGT）转基因大豆为例。其转入的基因是来自于土壤农杆菌CP4株系的磷酸烯醇式丙酮酰莽草酸合酶（EPSPS），该蛋白可以使作物对除草剂草甘膦产生抗性。

这种蛋白基因是植物和微生物中的一种限制酶，普遍存在于人类食物和动物饲料中，具有长期安全食用历史。将该蛋白与数据库中已知毒素的序列进行同源性比对，发现没有序列同源性。美国、日本和韩国学者还分别采用模拟胃肠液对该蛋白进行消化试验，结果显示，在模拟胃液或肠液中，蛋白数秒内完全降解。对该蛋白的小鼠试验表明，当灌胃量达到每千克体重572mg，蛋白没有对小鼠产生不良反应。可以认为，该蛋白对动物的毒性风险很小。

此外，美国、日本、中国等国科研人员采用转基因抗草甘膦大豆和非转基因大豆进行了动物亚慢性毒性和传代生殖能力等多项检测。其中，日本采用加热后的大豆粉以30%的添加量饲喂大鼠和小鼠15周，检测生长、进食量、脏器重量和脏器切片等一般毒性指标和免疫毒性指标。结果表明转基因大豆对大鼠无毒性。中国采用这种大豆饲喂大鼠91天，做了进食量、体重、血生化、血常规、尿常规指标和组织病理学检查，结果表明转基因大豆未对动物产生亚慢性毒性。美国对喂养这种大豆的小鼠进行了2～4代繁殖试验的生殖能力检测，分析了胎仔大小、体重、睾丸细胞数量等指标，认为转基因大豆对小鼠无生殖毒性。

外来基因会破坏食物营养成分吗

黄昆仑：转基因大豆与非转基因对照大豆的营养成分具有实质等同性，且能够被正常消化利用。美国于1992年在6个地点、1993年在4个地点，欧盟2005年在5个地点，以及美国和加拿大在2000、2001和2002年连续3年对多种遗传背景的抗草甘膦大豆的营养成分进行分析，发现抗草甘膦大豆与其亲本大豆在主要营养成分（水分、灰分、蛋白、脂肪、纤维、碳水化合物）和抗营养因子（凝集素、植酸、胰蛋白酶抑制剂），以及脂肪酸和氨基酸组成方面含量相当，并且都在参考文献提供的自然变异范围内。此外，1992年美国还对6个地点收获的大豆进行了加工产品如烤豆粕、脱脂豆粕、蛋白提取物、蛋白浓缩物的主要营养成分分析，结果表明在加工性能和营养成分方面没有显著差异。

同时，用加工和未加工的抗草甘膦大豆和非转基因对照大豆喂养大鼠和奶牛4周、肉鸡6周、鲶鱼10周、鹌鹑5天后，分别检测生长指标、饲料转化率、肌肉和脂肪组成（鸡）、牛奶产量和牛奶成分、瘤胃发酵和氮消化率（牛）等营养指标，结果表明，转基因和非转基因大豆对动物具有同等的营养价值。

转基因食品会造成基因变异吗

杨晓光：人类食用的天然食品中含有各种基因，尚未发现基因的水平转移或跨物种转移。从科学角度看，转基因食品跟其他常规食品不存在特别之处。食品进入人体后会在消化系统的作用下，降解成小分子，而不会以基因的形态进入人体组织，更不会影响人类自身的基因组成。转基因食品不可能改变人的遗传特性。

转基因与非转基因食品的区别就是转入了特定蛋白质。只要这种蛋白质不是致敏物和毒素，它和食物中的蛋白质就没有本质差别，都可以被人体消化、吸收，不会长期保存在身体里。

彭于发：与人吃转基因食品同样的道理，动物吃了转基因大豆饲料，其中的耐除草剂基因和转基因蛋白也会迅速降解，作为营养成分被消化、吸收，不会在体内累积。

转基因大豆会使人体过敏吗？

黄昆仑：转基因大豆新引入的蛋白不会增加致敏性风险，转基因操作也没有引起大豆本身的致敏原种类和含量增加。

常见过敏原一般都是生物中含量较高的蛋白质，占总蛋白的1%～80%。而CP4 EPSPS蛋白在转基因大豆中只占总蛋白的0.08%。该基因的供体土壤农杆菌不是过敏原，而且该蛋白可在模拟胃液肠液中被迅速消化。此外，从1995年到2007年，采用欧洲、美国、日本、韩国等易过敏儿童和成年人的血清尤其是大豆过敏患者的血清，与CP4 EPSPS蛋白进行特异性结合试验表明，该蛋白不会与任何过敏血清结合。采用大鼠进行的试验也证实该蛋白无论注射还是灌胃都不会激发动物的过敏反应。

布鲁姆瓦尔德：转基因食品会导致人体过敏的说法没有依据。

转基因对人体的长期安全能保证吗

杨晓光：转基因食品对人体长期健康效应是转基因安全评价的重要问题之一。转基因食品推到市场之前须经过严格的食用安全性评价，这套评价体系相对于传统食品而言更加严谨甚至苛刻。其中就包括了对人体长期健康效应的评价，在试验过程中采取的是超常量试验，即大大超过常规食用剂量。之所以采用超常量试验，就是考虑到了长期效应，科研上的模型相当于长期效应试验。现行的化学食品、药品多是用这套系统进行验证的。如大鼠90天喂养实验，时间相当于大鼠生命周期的1/8，大鼠2年喂养试验是观察其整个生命周期的慢性毒性试验。

贝内特：人们对转基因作物安全性的担心主要出于不了解，认为转基因属于非自然的育种方式，存在安全隐患。实际上，转基因不过是有选择地引入基因而已，它是人类漫长育种史中的一个发展阶段。

布鲁姆瓦尔德：据美国农业部公布的信息，美国转基因大豆和转基因玉米种植比例均在90%以上。自1996年转基因大豆商品化生产应用以来，上亿美国人直接或间接食用转基因大豆16年，至今未发生一例经过证实的转基因食品安全事故。

抗草甘膦作物会导致杂草蔓延吗

吴孔明：早在抗草甘膦作物应用之前，就已有杂草产生抗药性的报道。实验发现大部分抗性杂草无法与现有的抗草甘膦作物杂交。因此，并无证据表明抗性杂草的产生与种植抗草甘膦作物有直接关系。如同其他生物一样，若杂草长期、大量接触某一除草剂，的确会对该除草剂产生抗性，这是常见的生物现象。

转基因技术安全和科学

戴景瑞　李　宁　金芜军　等

[2013 年 7 月 3 日人民网科技频道举办“再论转基因”在线访谈。邀请戴景瑞（中国科学院院士，国家玉米改良中心、中国农业大学教授）；李宁（农业部科技发展中心基因安全管理处处长）；金芜军（中国农业科学院生物技术研究所博士、副研究员）等]

2013 年 6 月 13 日农业部批准了三种转基因大豆的进口。事件经媒体报道，部分公众担心其潜在的风险，呼吁公开转基因产品的评估审批过程。

1. 有媒体近日评述，“6 月 13 日农业部闪电批准了三种转基因大豆的进口。然而，在这个进口转基因大豆的长达 16 年的国家，转基因产品的评估报告、评审过程是秘密的，就连是谁在评审转基因产品，公众在很长一段时间内都无从知晓。”作为管理者，您如何看待这段描述？以及转基因项目的评审程序和知情权。

李宁：对进口转基因生物及产品的安全管理是按照《农业转基因生物安全管理条例》及配套规章进行管理的。自 2002 到 2012 年，农业部共批准了 8 个进口用作加工原料的转基因大豆，都经历了严格的安全评价和审批程序，严格按照我国的法律法规进行。此次批准的三个大豆，从最初递交申请到获得进口用作加工原料安全证书，历时 3 年左右的时间，并非闪电批准，这也可以从一个侧面印证我国的审慎态度。

目前，包括项目名称、编号、研发单位及有效期等内容的审批清单已在农业部网站及时公布。所有颁发安全证书项目的安全评价资料，都可通过申请政府信息公开的方式查询。农业部也正在协商研发单位，对安全评价相关内容进行网上公开。此外，参与安全评审的转基因安委会委员名单、安委会工作规则、转基因行政审批工作规范等已在农业部网站转基因权威栏目上公告。

可以说，我国的转基因项目申请评审程序都是严格按照法律和法规进行的。包括进口产品在内的转基因生物和产品上市前都要通过严格的安全评价和审批程序，比以往任何一种产品的安全评价都要严格。整个过程符合政府信息

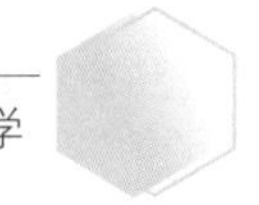

公开条例要求，并不是秘密进行。

2. 2010 年 7 月，农业部官方网站建立了“转基因权威关注”频道，一些和转基因相关的法律法规，哪些国家公司的转基因产品获准进口，哪些国产的转基因产品获准种植，参与转基因产品安全评价的农业转基因生物安全委员会的科学家组成等信息，在网上公开。这样的尝试对于转基因透明公开化是否有帮助?

李宁：肯定是有帮助的。事实上，早在 2008 年《政府信息公开条例》实施之前，2002 年农业部就在官方网站上建立了“生物安全网”，陆续在网上公开了法律法规、审批信息、研发进展、管理动态等内容。为加大信息公开的力度，2010 年 7 月在官网首页建立了转基因权威关注栏目，主要包括科普宣传、政策法规、知识问答、申报指南、审批信息、参考资料、最新进展、事件真相和相关链接 9 个板块，对公众广泛关注的事件、质疑的问题、审批信息等及时公开、答疑和澄清。同时也会针对公众关切编发一些转基因科普宣传知识，这也是我们科普宣传工作的一个重要阵地，栏目内容基本可以满足公众需要。

3. 有一个案例，有媒体报道说，《每日经济新闻》记者获得的一份政府信息公开答复函显示，至少在今年 5 月 20 日前，农业部尚未收到过 RR2 大豆安全证书的申请。信息公开申请者、北京市民杨晓陆认为，“时隔两三周，农业部就批准了进口，涉嫌违法违规”。李处长可否就此案例的流程做一个回应。

李宁：农业部非常重视政府信息公开工作，收到的政府信息公开申请中提到的转基因大豆 Intacta RR2 Pro 的安全评价申请文件，我们与收到的申请安全评价项目进行了反复核对，未发现与申请公开信息名称一致的项目，因此告知申请人信息不存在。大家已经知道，农业部批准的 3 个进口用作加工原料的大豆分别为抗除草剂大豆 CV127、抗虫大豆 MON87701 和抗虫耐除草剂大豆 MON87701×MON89788。这 3 个大豆安全评价第一次申请在 2010 年，历时 3 年的审批过程。

4. 在很多科学家眼里，转基因代表了目前生物技术的最先进水平，也同时代表了推广后带来巨大的产业市场。在政府管理者眼中，转基因是解决未来我国人口增长带来的粮食安全问题的现实途径之一。但是在公众眼中，同样的转基因却成了“洪水猛兽”。使得不少从事转基因研究的科学家觉得委屈。戴院士您认为，普通公众，特别是没有理科背景的公众，能否理解得了“转基因到底是怎么回事”?

戴景瑞：我先更正你的一个说法，不是在所有公众眼中转基因成了“洪水猛兽”，准确地说，在一些人眼中成了“洪水猛兽”。转基因技术作为一个新生事物，要想让广大公众广泛接受确实需要一个过程，但目前又受到网络上一些不实言论的误导。其实，转基因技术就是利用现代生物技术，将人们期望的目标基因，经过人工分离、重组后，导入并整合到生物体的基因组中，从而改善生物原有的性状或赋予其新的优良性状。除了转入新的外源基因外，还可以通过转基因技术对生物体基因的加工、敲除、屏蔽等方法改变生物体的遗传特性，获得人们希望得到的性状。转基因其实并不可怕，同传统杂交育种目标一致，就是改良作物性状，培养出具有高产、优质、高抗等优良性状的作物品种。这样的基因转移现象在自然界中也是广泛存在，包括物种内和物种间的基因转移现象。比如，植物界的异花授粉是物种内基因转移的典型现象。现在广泛运用的经典转基因方法——农杆菌介导法，就是我们向自然界学习的转基因方法。农杆菌介导法是农杆菌通过侵染植物，将自己的基因转入植物中，如常见的树上突起的“圆球”，俗称树瘿。

5. 最近，黑龙江省大豆协会发布了一份“转基因大豆与肿瘤高度相关”分析报告，妄断转基因大豆致癌。中国工程院院士、食品安全专家陈君石对此回应，把这两件事结合到一起毫无根据，“其实这些观点并不高深，即使不是院士，如果我们愿意用理性思维分析问题，仔细想一想，也很容易推导出这个观点。”戴院士您怎么看?

戴景瑞：陈院士的观点也表达出了我的心声，报告的依据是早已被权威部门否定的实验结论。其一是 2012 年 9 月 19 日，法国凯恩大学塞拉利尼教授在《食品与化学毒物学》科学杂志上发表论文，报告了用转基因玉米 NK603 进行大鼠两年饲喂研究，引起大鼠产生肿瘤，引起广泛关注。欧洲食品安全局受欧盟委员会委托对该论文进行了评估。2012 年 11 月 29 日，欧洲食品安全局作出最终评估认为，该研究得出的结论缺乏数据支持，相关实验的设计和方法存在严重漏洞，而且该研究实验没有遵守公认的科研标准。因此，NK603 玉米是安全的，不需要重新审查。其二是《俄罗斯之声》报道的转基因食品喂养的仓鼠第二代成长和性成熟缓慢，第三代失去生育能力的新闻事件没有在任何学术期刊上发表过论文，其他媒体的报道标题是“一个俄罗斯人宣称”，此事之后不了了之。人体出现肿瘤的原因很多，简单的将转基因大豆与癌症联系在一起是非常不科学，是缺乏理性思维的表现。希望广大的公众在面对这些不实说辞时能够进行一个理性辩证的思考，也许就会自己得出正确结论，不信谣、不传谣。

6. 陈君石院士表示，“转基因大豆诱发癌症的说法在流行病学上没有证据，到目前为止也没有任何科学证据证明转基因食品对消费者的健康造成危害”。这一论述同样遭遇质疑。如何看待“目前为止没有”? 让公众减少和消除疑虑。

金芜军：其实，转基因技术研究的初期，科学家们已经考虑安全因素了。转基因产品商业化生产 17 年，第一个转基因产品已应用超过 30 年，未曾出现过一次经过科学证实的安全事件。我希望公众相信科学、相信事实。全球对转基因食品的安全性都是高度关注的。国际食品安全标准主要由国际食品法典委员会（CAC）组织制定，它是由联合国粮农组织（FAO）和世界卫生组织（WHO）共同成立的，是政府间协调各成员国食品法规标准和方法并制定国际食品法典的唯一的国际机构，也是裁决转基因产品是否安全的权威机构。我国在转基因生物安全评价中充分参考了国际食品法典委员会、世界卫生组织、联合国粮农组织和经济合作组织等制定并被各成员广泛认可的安全评价规范性文件。主要从营养学、毒理学和致敏性评价方面进行食用安全性评价。安全是一个相对的概念，即便是经常食用的传统食品，也不能说在任何情况下，对任何人都绝对安全。例如，联合国粮农组织就把牛奶、鸡蛋、鱼、甲壳类（虾、蟹、龙虾）、花生、大豆、核果类（杏、板栗、腰果等）及小麦等 8 类食物列为常见过敏食物，他们对特定过敏人群就不安全。我们对转基因生物及产品的安全性管理是基于风险分析原则，也就是预防原则，防患于未然。因此，大家一定要科学理性对待转基因的安全问题。相信科学、理性对待，不轻信谣言。

7. 中国曾是大豆出口大国，但最近 10 年来大豆进口量猛增、国产大豆面积减少、大豆主产区加工企业出现停工甚至破产等现象。这当然跟世贸协议中进口转基因大豆有关。但只从营养、口感等角度考虑，国产大豆和转基因大豆是否有优劣之分？

戴景瑞：我国曾经也是大豆出口国，但到了 1995 年，情况发生了变化，我国变成了大豆净进口国。我国进口转基因大豆始于 1997 年。这其中的原因是多方面的，主要是我国大豆单产低，与其他的竞争作物如玉米的比较效益低，大豆平均亩产 120 千克，而玉米在东北平均产量 700 多千克，更多的农民选择了种植玉米。另外，也与转基因大豆比国产非转基因大豆成本低有关。

国外转基因大豆与国产大豆相比在油用方面具有优势：①含油率高出 2～5 个百分点，这就意味着同样的一吨大豆，进口大豆比国内大豆多二三百千克的油的溢价收益，加之可以同时加工有溢价的高蛋白豆粕而产生更大的经济效益。②国外转基因大豆因规模化种植单位生产成本远低于国内。③转基因大豆表观与整齐度较好，也就是商品性好，品质易于保证。④可以全年按需供货，加工企业可降低流动资金和仓储费用。

转基因大豆问世以来，研发者以及世界各国的多家独立机构进行了大量、长期的食用安全性评价，包括营养学评价、毒理学评价和致敏性评价等。这些科学试验证明，转基因大豆本身与其非转基因对照在营养成分方面具有实质等同性，并且其营养成分能够被动物正常消化利用。其新引入的蛋白没有增加毒性或致敏性风险，转基因操作也没有引起大豆本身的致敏原种类和含量升高。食用转基因大豆不会对人体健康产生不良作用。从国外首次批准转基因大豆种植到现在全球并未发生任何食用和环境安全问题，安全性可以得到保障。当然，国产大豆在加工豆制品等方面，因蛋白质含量较高，也有他的优势。

8. 从产业格局上考虑，如果不进口转基因大豆，全部依靠国产，是否现实?

金芜军：保守地说当前不现实。我国是一个农业和人口大国，面对耕地、水等资源短缺、环境污染、灾害频发等诸多问题，保障粮食等主要农产品有效供给，是确保国家粮食安全的必然要求。我国是否进口转基因大豆以及进口多少主要是由国内需求决定的，是市场行为，而发放安全证书只证明该产品是安全的，可以进口。由于市场需求旺盛，国内大豆又不能满足需要，近几年每年都进口 5 000 多万吨大豆，大部分是转基因大豆。种植这些大豆还不包括进口的大豆油和豆粕，需要大约 4 亿多亩的耕地，而我国没有这么多的后备耕地资源。另外，国内非转基因大豆产量低，成本高，市场效益不好也是农户不愿意种大豆的重要原因。

9. 转基因不仅在安全方面被妖魔化，也被政治化和民族化。媒体和公众经常引用诸如“美国人不吃转基因大豆”等观点，这是否是事实?欧美各自的审批流程和政策是怎样的?

李宁：美国人不吃转基因食品纯属谣言，真相是美国是种植和食用转基因作物时间最长和数量最多的国家。美国转基因玉米、大豆的种植比例均超过 90%，本国人不吃也是做不到的。据联合国粮农组织食物平衡表格（2007）显示：美国当年产大豆 7 286 万吨，约 41%用于出口，其余都用于国内消费，其中 93.1%用于食用，用于饲料的不到 7%。玉米年产量超过 3.3 亿吨，17.5%用于出口，其余在国内消耗，国内的 28.7%是食用消耗，其他用于生物能源等。据参加中美生物技术工作组会议的美国农业部官员和一些美方专家介绍，美国 70%以上的食品都含有转基因成分。转基因作物作为食品加工成分早已进入美国人的日常生活。事实上，自 1996 年转基因大豆商品化生产应用以来，上亿美国人直接或间接食用转基因大豆 17 年来，至今未发生一例经过证实的转基因食品安全性事故，充分说明食用转基因大豆和非转基因大豆是同样安全的。

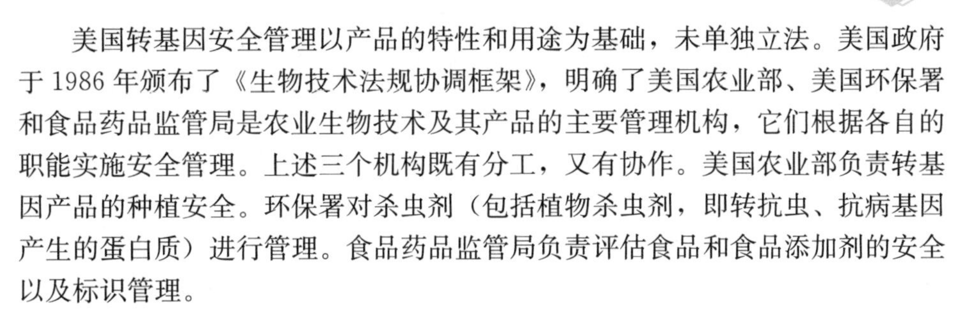

美国转基因安全管理以产品的特性和用途为基础，未单独立法。美国政府于 1986 年颁布了《生物技术法规协调框架》，明确了美国农业部、美国环保署和食品药品监管局是农业生物技术及其产品的主要管理机构，它们根据各自的职能实施安全管理。上述三个机构既有分工，又有协作。美国农业部负责转基因产品的种植安全。环保署对杀虫剂（包括植物杀虫剂，即转抗虫、抗病基因产生的蛋白质）进行管理。食品药品监管局负责评估食品和食品添加剂的安全以及标识管理。

欧盟转基因生物安全以过程为基础进行管理。生物安全管理的决策权在欧盟委员会和部长级会议。日常管理由欧洲食品安全局（EFSA）及各成员国政府负责。EFSA 负责独立开展转基因风险评估，提出科学建议。转基因生物在欧盟范围内开展环境释放主要由各成员国政府提出初步审查意见，EFSA 组织专家进行风险评估，最后由欧盟委员会主管当局和部长级会议决策。

10. 有观点认为转基因工作推进是否步子太快，我国是否有未来十年转基因的战略和蓝图。戴院士怎么看?

戴景瑞：我国在转基因产业化的推进方面是非常慎重的，一直严格遵循国家确定的“加快研究、推进应用、规范管理、科学发展”的十六字方针。除实现转基因棉花和番木瓜商业化种植外，没有其他转基因作物商业化种植。2009 年我国发放转基因抗虫水稻和转植酸酶玉米安全证书后，引起了社会的高度关注，公众对转基因产品的接受程度偏低，至今未推广应用。我们要继续在科学评价、依法监管的基础上，根据我国转基因生物的研发进程、产品成熟度、社会接受度，按照产业发展需求，优先发展经济作物、非食用和间接食用生物，成熟一项，推进一项。

11. 关于科学决策，不止是转基因，很多重大专项都遇到过类似的问题，比如水电大坝、化工厂选址等等，科学界内部也常有讨论。这也考验着转型中的中国和中国的科技产业界。作为管理者，转基因作物的推进和舆论处于今天这样略显尴尬的局面，将如何应对?

李宁：转基因技术被称为“人类历史上应用最为迅速的重大技术之一”。近年来，国际上以抗除草剂和抗虫为主的转基因大豆、棉花、玉米、油菜作物产业化速度明显加快，种植面积由 1996 年的 170 万公顷发展到 2012 年的 1.7 亿公顷，17 年间增长了 100 倍。截至 2012 年底，全球 59 个国家和地区批准转基因作物进口用于食品、饲料或种植。从全球来看，如果抓住转基因技术发展的大好机遇就会在国际竞争中赢得主动，如果鸵鸟思维，带来的只有落后。因为我国不发展，并不能阻止其他国家发展，而只能拉大发展差距。国内外实践也证明种植转基因作物会给农民增收、生态安全、消费者健康以及国家粮食安全带来实实在在的好处。我国要利用转基因技术为我国造福，继续完善做好转基因的安全管理工作，履行政府的职责，为公众把好关。转基因技术作为生物技术的核心，是一个新技术，属于新生事物，大家了解和接受有一个过程，这也是可以理解的。因此，科普宣传工作应是我们今后工作的一项重点任务，只有广大公众能够科学理性地认识转基因技术，能够看到转基因给我们带来的切实好处，真正地接受转基因技术，才能逐步实现转基因产品产业化，让转基因技术为我们带来利益。

让转基因与非转基因产品公平竞争

毕美家

［农业部办公厅主任，在 2014 年 10 月 14 日《农民日报》发表署名文章］

这几年，转基因食品安全性问题备受社会关注。作为一项生物新技术，转基因在国内的发展之路可谓曲折坎坷。网络上，关于转基因的口水战此起彼伏，有关转基因食品的各色谣言漫天飞。在这样的舆论环境中，有的企业利用部分消费者对转基因技术的认知欠缺和焦虑心理，为追求自身利益而不顾市场规则，把“非转基因”作为卖点加以炒作。对此，农业部总经济师、新闻发言人毕美家认为，这种做法违背了广告法等相关法规，其结果不仅导致行业竞争的无序，更加剧公众对于转基因技术的恐慌情绪。

为廓清市场迷雾，规范市场环境，最近工商部门加强了对非转基因广告的监督管理，中央电视台率先发布《关于“非转基因产品”广告的审查要求通知》，禁止在广告中宣称非转基因产品更健康、更安全。毕美家说，此举对于规范市场行为，正确引导消费，塑造公平竞争环境都将产生积极的示范效应。一段时间以来，媒体上一些农产品的广告称自己的产品为非转基因产品，其所宣称的非转基因效应缺乏实验数据和科学论证支撑，实质上是一种商业包装。更有甚者，一些国内并无转基因商业化种植的作物加工产品（例如花生油）打上非转基因标识，在误导消费者的同时，也加剧了行业恶性竞争。可以说，商家眼中不断发酵的非转基因商机，已经成为破坏市场“游戏规则”的危机，更是违反广告法规的行为。

毕美家认为，转基因与非转基因商战的背后，是企业的利益之争，与转基因食品安全性并无本质关联。但这样一场商战，却付出了惨痛的代价——它打破了行业间公平竞争的市场环境，助长了各类“妖魔化”转基因谣言的传播，给转基因技术的研发应用设下重重障碍。

毕美家说，目前在世界科学界没有研究表明转基因食品对人体有害。事实上，在我国，转基因食品的安全性也是有定论的。今年 6 月，国家农业转基因生物安全管理部际联席会议办公室联合中国科协科普部，编印了《理性看待转基因》科普读本，读本中指出“国际组织、发达国家和我国开展了大量的科学研究，均认为上市的转基因食品与传统食品同样安全。”也就是说，凡是通过转基因安全评价，获得安全证书，进入市场的转基因食品都是安全的。

毕美家说，转基因作为一项生物育种新技术，具有广阔的发展前景。尤其对于我国这样一个农业生产和消费大国而言，要解决好粮食安全和农业可持续发展问题，加快生物技术研发是必然选择。目前，国家正在积极稳妥地推动实施转基因生物新品种培育重大专项。然而，转基因技术要在创新中不断前行，离不开科学、健康的舆论环境。这不但需要公众对转基因技术和产品有理性的认识，同时也考验着企业的社会责任和担当。

目前，央视等主流媒体规范非转基因广告词，有助于打消公众的担忧和焦虑。毕美家表示，下一步农业部将与有关部门密切配合，进一步加强对转基因农产品研发与生产的监管。企业在生产农业转基因生物及转基因食品时，必须按照相关规定进行标识，以便消费者作出自主性选择。

以科学的眼光看待转基因

薛　亮

［2014－01－21《中国政协》作者：中国农业科学院原党组书记］

曾几何时，转基因食品成为全社会关注的焦点，有许多人对其充满狐疑和恐惧。但不可否认的是，转基因产品自1996年在世界上开始商业化利用以来，与我们的生活越来越密切，已进入到人类的食物链中。

转基因技术是一项前沿科学，方兴未艾，仍有许多问题需要我们去探索，我们对于它的认识也必将随着科学的发展而逐步深化。当前社会上对转基因问题的各种疑虑，其中的一些误解、担忧和恐惧，主要是因为思想方法上有偏差。而要消除这些疑虑，就需要我们以科学的思想方法去认识转基因技术和它所引起的一些问题，从而推动转基因技术发展回归到科学与理性。

转基因生物安全性的原则与标准

人们对转基因食品不管有多少争论，一个客观事实是，它已经进入了人类的食物链，因此必须要有一个原则和标准来把关，“实质等同”是转基因生物安全评价的可行原则。

关于转基因生物和食品的安全性评价，至今还没有一个全球一致的方法和程序。“实质等同”（Substantial equivalence）原则目前为不少国家所接受和采用，2000年联合国粮农组织（FAO）、世界卫生组织（WHO）联席会议将“实质等同”定义为，转基因生物与自然存在的传统生物在相同条件下进行性状表现的比较，如果实质上是相同的，即应同样对待，视为安全。也就是说，转基因食品经过与非转基因食品用同样的标准、规范、程序进行检验和实验，达到规定的食品安全标准，与非转基因食品没有本质差别，就可以认定是安全食品。

“实质等同”从法律上看，是一个具有公正性和相对性的原则；从实践上看，是可操作的；从科学上看，也是可验证的。因此，经过政府部门和相关技术机构按照国家食品安全的标准，进行验证、审查和批准允许上市销售的转基因食品，就是与其他食品一样安全的食品。当然，通过建立标识制度，消费者有自主选择权。

在关于转基因安全性的争论中，有不少人提出吃了转基因食品未来会不会出现问题的疑问。我对这一疑问有四点看法：第一，对事物的评价，只能以历史和现实的具有确定性的经验和数据为依据和标准，而无法以对未来尚不确定的预测或怀疑来衡量；第二，对转基因作物已经进行的各项安全性试验，不仅是对现实也是对未来风险的防范；第三，对于未来预测的问题，应依据科学原理推测，而不是随意猜想；对需要长期数据来证明的性状，只能由生物技术在今后的发展和实践来验证，人类将不断深化对转基因的认识；第四，人不能超越时代，相对于历史发展来说，科学结论永远是相对的，人生活在当代，应当尊重当代科学所达到的高度。

转基因技术风险在可控范围内

世界上没有绝对的东西，食品安全同样没有绝对安全，没有零风险。人类食用了千百年的一些传统食物，对某些人会产生过敏、不适等不良反应，对同一个人在其身体状况有变化的某些时候，也可能发生不良反应，但是人们认为它总体上是安全的。食物中所含所有已知的不利元素，包括外源的化学残留，在食品标准中都有量的规定（允许量的安全冗余通常在其一百倍以上），在允许量的范围内，对人体的影响微乎其微或没有影响，就是安全的。因此，不能用绝对的思维来理解安全。只要通过了安全检验的食品，就是安全的。

转基因技术是一项中性技术，安全不安全关键在于转入什么基因，表达产物是什么，如何监管。

从我国的法规来看，转基因植物在科研阶段，就要按 5 个阶段进行安全评价，每个阶段都有具体要求，合计需要 10 年左右，再加上进入生产阶段品种审定、生产许可审批至少还需 3～5 年，进入食品范畴还要进行食品标准的审批。在这样一个长过程内，在任何一个阶段，发现任何一个对健康和环境不安全的问题，都将立即终止试验，消除风险，可见转基因作物对人类健康和对环境的风险，是掌握在可控范围之内的。

现在，公众对转基因的恐惧主要来源于两方面：一是被某些人妖魔化了，二是“怀疑一切”。但是我们要相信科学，相信科学家——生物技术是一项前沿科学，专业性很强，所有目前在公众层面所听到、所提出的问题（谣言除外），在专家层面从‘一开始就都提出来了，而且研究的问题要比我们所知道的广得多、深得多、专业得多。因此，现在能够进入生产和商业化应用的，是

有充分科学根据的。

当然，转基因技术还是一门新兴学科，科学发展欢迎基于科学态度的质疑，而如果因为有失败或仅仅是怀疑就终止科学的探索，那就不会有今天的科学发展和人类进步。每一个人不可能都成为生物技术方面的专家，每一个人也不可能成为所有学科的专家，我们必须相信科学，相信科技进步，相信成千上万科学家呕心沥血的科研成果，尊重科学应当是一个成熟社会的基本要素和重要标志。从我国政府有关转基因安全管理的情况，我们也有理由相信，我国政府在这个关系国计民生的重大问题上表现出是一个负责任的政府，应当予以信任，同时民众也可以建言献策，监督实施。

生物技术的研究切莫“作茧自缚”

生物技术是当今世界科研领域最重要的前沿科技之一，我国起步不算晚，加快生物技术的研究和发展，对于我国这样一个人口大国保证未来的食物安全具有十分重要的战略意义。

但一些舆论说，转基因有“灾难性后果”、是外国的生物武器、中国发展转基因将有利于西方大国最终控制中国的主粮市场，这种说法没有事实和科学根据，而且误导公众。中国必须大力发展转基因技术并掌握主动权，才能有力抵御外国公司占领我国粮食市场，而不能坐以待毙。我国发展转基因抗虫棉的实例很好地说明了这一问题。20 世纪八九十年代，我国棉区棉铃虫大暴发，大部分棉田大幅减产，甚至绝收，美国公司转 Bt 基因抗虫棉乘势而入，90 年代一度几乎占领华北棉区全部市场，我国科学家 1991 年开始转基因抗虫棉研究，1994 年研制成功具有自主知识产权的单价抗虫棉，1996 年我国独有的双价抗虫棉诞生，1999 年国产抗虫棉开始大规模产业化。目前，美国公司已退出我国市场，国产抗虫棉种植面积已占全国抗虫棉面积 93%以上。

美国是世界上农业生物技术最发达的国家，孟山都公司在转基因作物育种和产业化上在全球遥遥领先，全球转基因作物种植面积自 1996 年以来 17 年增长了 100 倍，美国等国拥有全球水稻、玉米、小麦、大豆等主要农作物 80%以上的基因专利，其中一半以上为大跨国公司占有。我国于 2008 年启动实施了“转基因生物新品种培育重大专项”，2010 年国务院又将生物育种产业确定为战略性新兴产业，2008—2012 年五年国家共投入 50 多亿元，平均每年 10 多亿元，但与发达国家相比是十分有限的，孟山都公司的种业年研发经费就近 15 亿美元，我国已获得的农作物基因专利仅为美国的 1/10。世界转基因技术研究日新月异，正在向食物功能性和生物反应器等方向发展。

由此可见，转基因技术及其产业化，不管公众对它的认识程度如何，它以对解决人类食物需求的技术优势和经济优势而迅速发展，国际跨国公司也绝不会因中国社会对转基因争论不休而放慢它在全球扩展的步伐。如果我国在农业生物技术的科研和技术开发上不加快发展，就将与世界先进水平的差距进一步拉大，未来大跨国公司占领我国种业市场的危险是极具可能的。对此我们必须有强烈的危机意识和战略意识，我国对生物技术的科学研究决不能放松，生物育种产业作为战略性新兴产业的地位决不能动摇，必须进一步加大投入，加快发展，努力在国际生物技术领域日趋激烈的竞争中掌握主动权，为保证未来我国粮食安全和农产品供给奠定技术基础。

生物技术是一项新兴的前沿科学，我国只有抢占生物技术的制高点，才能在未来农业发展中掌握主动权。我们必须进一步加快农业生物技术的发展，进一步坚定生物育种产业作为战略性新兴产业的地位，加大支持，迎头赶超。

转 基 因 求 是

石燕泉　朱　祯　等

［科技基金会举办的“转基因求是论”沙龙（节选）参加专家石燕泉农业部科技教育司巡视员；吴孔明，中国农业科学院副院长、院士；戴景瑞，中国农业大学教授，院士；朱祯，中国科学院研究员；黄大昉，原中国农业科学院研究员；彭于发，中国农业科学院研究员；杨晓光，中国疾病预防控制中心研究员等］

在中国转基因主要争论什么

朱祯：转基因问题可以从以下几个方面考虑：第一，从科学角度，这个技术安不安全，有没有风险？如何规避风险？如何突出优势？第二，从经济角度，推广转基因在经济上有没有价值？这可以由经济学家和科学家共同讨论；第三，从政治层面这一更高层次考虑，可能涉及国际贸易甚至公众的反应。所以，讨论转基因必须按照这 3 个层次进行，如果 3 个层次混为一谈，永远谈不清楚。

黄大昉：转基因问题非常复杂，不是单纯的科学问题，与政治、社会、经济、公众心理相互交错。在一个问题上必须抓主要矛盾，那么主要矛盾是什么？

先说讨论的思路。从国家战略上考虑，一是粮食安全问题。粮食安全是国家领导人最关心的，也是有责任感的科学家所关心的；二是国际竞争力问题，也就是说，你若不发展转基因技术，将来怎么办？今后科技发展的趋势是什么？从科学角度讲，最根本的问题是这个技术安全不安全。如果不安全，前面两个问题都不用考虑。也就是说，转基因产业化必须安全。至于监管问题、社会心理问题、科普宣传问题，都是随之而来、派生出来的问题。所以，讨论转基因如果抓住这几个大问题，思路就比较清楚，讨论可能会有成果。

杨晓光：总体来说，美国人相信美国食品和药物管理局（FDA）。FDA 告知公众是安全的，他们就认为是安全的。

吴孔明：从1996、1997年开始有转基因食品，美国在那个时候研发了抗虫棉、抗虫玉米、抗虫大豆、抗虫油菜，1996、1997年完成了商业化的进程，在全世界对转基因还没有产生争议的情况下成功进入市场。

吴孔明：美国没有大张旗鼓地告诉普通公众这是转基因的，普通公众也不知道。

石燕泉：最早的时候，转基因和非转基因食品都是被FDA定义为实质等同的、不需要区别标识的食品。

朱祯：2000年，《Science》出版专刊报道了欧美等国家对转基因的态度的差别。之前，欧洲不断发生公共安全事件、食品安全事件，比如艾滋病血液事件、"二噁英"事件，所以欧洲民众对政府信任度不高，而美国监管比较有效，所以政府告知转基因食品是安全的，公众就认为是安全的。

黄大昉：美国给我们最大的借鉴意义是政府要发出声音，会引导，并支持科学家做这方面的工作。

吴孔明：首先看社会上都是哪些人在参与讨论转基因问题。

科技层面上，参与讨论的有以下几类人：一是从事农业生物技术的专家，对转基因技术非常熟悉，一般都支持；二是自然科学领域内不熟悉转基因技术或者做生态环保的科学家，有的反对转基因。例如，有人说搞生态农业，不要用农药，不用化肥。按他的做法，产量可能会下降一半以上，中国就会出现严重的粮食安全问题，这是脱离发展现实阶段去追求完美的生态系统。所以，这样的科学家，如果真正地深入农业产业基层调研，他会改变观点。三是搞社会科学的，谈大道理他支持，一谈具体的就反对。有人认为，我们可以要求外国给我们种植非转基因大豆，再进口。但是美洲国家的人工成本那么高，人工除草之后的玉米、大豆的价格会很高。他可能不是很了解这些情况，如果了解这些情况后也会改变认识。还有一类是媒体从业人员。其实大家都希望中国发展得好，在安全和利益之间寻找最佳平衡。每个人从不同的角度看问题都有其合理性，只不过这个话题跨度太大，覆盖科技、经济、社会、民生，太复杂。

对于政府，他们的工作也很不容易。转基因涉及国内产业、国际贸易、国际关系。所有的法律法规都是在国际大背景下演化出来的，具体的决策涉及诸多因素，没有办法向公众全部讲清楚。所以，公众就觉得政府工作很被动、问题很多。

科学家应该更多地从科技方面做些工作，让政府在科技方面的政策得到更多人的理解和支持，这样可能有利于推动问题的探讨和解决。

主粮是否应该转基因化

朱祯：主要粮食不能搞转基因是认为转基因技术不安全，还是认为公众对此不理解？争论是有必要的，在这个问题上有人认为技术本身或转基因主粮本身并不存在食品安全性问题，只是公众接受程度问题。持这一样观点的人在社会上有很多的声音，这样的声音对公众会造成更大的疑惑。

戴景瑞：为什么要搞转基因重大专项？一个很重要的目标就是要解决中国粮食安全问题。但并不是靠这一个项目就能解决粮食安全问题，这是两个概念，应该这么来看：转基因技术能够对粮食安全做出贡献。比如玉米被害虫侵害之后会感染黄曲霉菌而产生黄曲霉毒素，但转基因玉米可以有效抵御虫害，从而防止黄曲霉菌感染玉米，大幅降低黄曲霉毒素的含量。这就比非转基因玉米健康，减少产量损失。

吴孔明：现在中国需要进口接近 8 亿亩的农产品。

食品安全与健康

杨晓光：技术是中性的。从科学发展来说，我们认为转基因技术对于育种是个非常强大的工具。从维护健康的角度，我认为它有三个可能的方向：

第一，好人可以用它做好事。比如美国已经有转基因的富含亚油酸的大豆，大家都认为富含亚油酸的橄榄油比较好，但橄榄油的资源有限；另外美国已经研发出含有 ω－3 脂肪酸的豆油，尽管我们都知道 ω－3 对身体有好处，但海洋中有那么多的资源吗？如果我们吃了这样的豆油，对健康是有好处的。

第二，从可能性来说，坏人可以用他做坏事，但目前没有发现这样的例子。

第三，也有可能好心做了坏事，尤其是在没有监管的情况下。一个比较明显的例子，最早有人研究改造大豆蛋白质品质，希望增加含硫必需氨基酸含量，研究者从巴西坚果中转一个基因来改进大豆的蛋白质质量，但是在后来的研究中发现这可能是一个致敏的基因，因为巴西坚果是致敏食物。为了避免增加过敏原，这个研究被停止了。从另一个角度说，严格的管理体系可以防止和避免好心做了坏事。

回到现有的转基因产品，有各种各样的资料或组织认为“转基因产品尚无安全定论”，我个人不太同意这句话，对已经批准上市的转基因产品的安全问题，到目前为止，无论是官方还是科学家都认为是安全的。转基因的食品安全可以这样理解：

第一，从科学层面，我们只能根据现有的科学知识来认识它安全不安全，不能超越我们目前的研究水平和发展水平。

第二，各个国家都有各自的关于食品安全的管理制度，但必须提及的是食品安全标准的权威机构——国际食品法典委员会（CAC），它是由各个成员国共同讨论食品安全和食品贸易的食品标准的组织。CAC 有专门的转基因食品评价指南，专门的特别工作委员会。各个国家对转基因食品进行安全评价都要遵循这样的原则。这些评价原则都非常清楚，例如个案的原则、风险评估的原则、逐步的原则等。

到目前为止，应该说中国对转基因食品的监管比任何食品都严格。反而很多其他食品在上市之前并没有经过这么复杂的评价程序，包括太空育种、辐照育种等，这些技术都能改变物种的基因。从育种的角度来说，不做基因改变不可能获得可遗传的基因性状。所以，基因改变是育种家追求的目标，只是转基因技术是更现代的技术。

那为什么中国的公众就不相信政府、不相信美国、国际科学家？这有很多复杂的因素，这不是一个简单的科学问题。

第一，转基因食品的争议是与食品安全密切相关。由于中国频繁发生食品安全事件，社会公众对食品安全失去信任，对食品安全的现状不满意。

第二，很多人不愿意与中国国情相结合地谈这个问题。实际上，中国的食品安全最大的症结是小农户与大市场对接的问题。食品安全部门的数据表明，从事食品行业的厂家多达 1 000 多万。其中，大厂好管理，小厂、小作坊是不是能够严格执行食品安全标准，也许有的人连标准都不知道，所以很容易出现很多问题。

各个国家都经历过这样的阶段，美国也经历过造假、伪造泛滥的阶段。各个国家在发展过程中都会出现各种各样的问题。比如社会诚信，有人说如果食品行业不诚信，整个社会都不诚信了，为什么要求食品行业比别的行业更诚信，从社会角度看认为可能吗？有人说食品不安全会出人命，但现在是商品社会，各个行业都在追求利益。所以，我们需要更严格的法律，对昧良心挣黑钱的人必须严格处罚。所以说食品安全、食品行业本身情况很复杂。

现在已经做了很多实验证明转基因食品的安全性，但是有一个非常深得人心的说法是：吃了 10 年没问题，50 年有没有问题？一代没问题，三代有没有问题？

其实，以前也曾发生过类似的毒性累积事件。比如重金属污染事件，包括日本的水俣病，的确是经过较长时间积累才发现毒副作用。但是分析转基因食

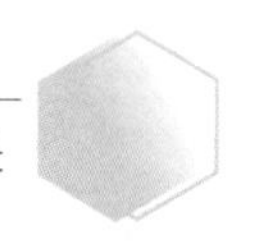

品安全，它要产生所谓慢性、潜在性毒性，必须在人体内有贮存的物质基础。现在有没有发现它在体内贮存的物质基础？从食品的成分分析来讲，摄入的蛋白质在体内必须被消化分解成氨基酸被吸收后，重新合成人体所需蛋白质，原来的蛋白质不可能在体内贮存，脂肪也是这样。目前研究没有发现转基因食品会在体内产生特殊可以蓄积的化学物质。

从安全的角度，我们认为任何食品都应该是安全的，并不是吃得多的就要特别安全，吃得少就可以不安全。药品安全和食品安全的区别是，因药品是用来治病的，允许有副作用，但食品不允许有毒副作用。

中国人吃不吃转基因大豆

杨晓光：目前中国大豆进口量是超过 7 000 万吨，基本都是转基因大豆，平均到 13 亿人口，每年每人消费 40 多千克的转基因大豆。这些大豆难道都是用来榨油了？有没有可能加工豆腐、豆浆呢？

彭于发：中国农业转基因生物安全委员会在对转基因产品食用安全性的评价时，已考虑现在已知的各种用途，包括加工豆腐、豆芽、豆腐乳。所以在颁发安全证书时，不仅仅限于转基因大豆加工成油的安全，还包括大豆的各种用途，认为科学上都安全的，才颁发安全证书。中国农业部网站已全部公布历年批准的转基因作物，包括用途。颁发安全证书时已经考虑所有用途都是安全的，并没有限定某一个用途，我们只是限定不能在中国田地里种植。

吴孔明：因为我们大量进口，要求对方种植非转基因大豆，理论上可以做。但是种植大豆中会产生大量杂草，如果不种植转基因（抗除草剂）大豆，而是靠人工除草，成本非常高。中国能够用订单让他们种植，但是生产的大豆成本和价格会高得非常离谱，中国人没法买。这涉及一系列的问题。

杨晓光：美国通过采用转基因技术，改变了整个耕作技术，变成免耕，非常具有优势。

黄大昉：农业部从来没有说进口大豆主要用于榨油。在转基因农产品进口和加工方面，农业部只负责安全评价和发放安全证书，说明该作物是安全的，可以按照用途进口，但进口多少，具体用途及数量完全是市场行为。转基因大豆在日本也是类似情况，日本吃的豆腐多数来自于转基因大豆，日本产的大豆只满足 5%的需求。中国自产大豆（非转基因大豆）产量 1 200 多万吨。全国用在食品上的大豆，食品行业粗略统计，大概是 2 000 多万吨（不算油），那么 1 000 多万吨哪里来？必然是进口。

转基因食品标识

杨晓光：转基因食品是否需要标识？美国 FDA 关于标识也做过很多讨论。实际上，欧洲和美国关于标识立场是不同的，因为美国是出口国，欧洲是进口国，欧洲非常强烈要求做标识。国际食品法典委员会的立场是，因为标识属于各个国家的主权，只是作为建议，建议的标准是：标识不涉及安全问题，只涉及知情权。关于知情权，美国也在个别州进行过公投，知情权是好的，但知情是有代价的，想知情，价格就会升高。要实行标识，就必须把生产加工过程中所有的成分都分清楚，从各个环节、原料、加工都标识清楚，这样就会增加成本。最后公投的结果是社会公众认为可以不标识，所以美国采取的是非强制性标识。但有一点必须要强制标识，就是成分发生了实质性变化，比如说大豆油已经变成含 ω—3 脂肪酸的大豆油，就必须标识。因为营养成分已经完全不同，必须标识说明是转了什么基因，在成分上有什么改变。对于食品没有发生实质性改变的、实际等同的是采取自愿性标识。需要强调的是，目前没有任何一个国家对所有的转基因产品都进行标识。中国的标识目录也是经过多方面论证后确定的，目前之所以没有修改，主要是因为最近 10 年中国种植和进口用作加工原料的转基因作物品种没有改变。如果中国批准了新的转基因作物种植或进口，我想在专家论证的基础上会对标识目录进行调整。

黄大昉：从安全性、FDA 权威性角度来讲，他们认为不需要标识。从监管的可行性来说，如果把每一种转基因的成分都标识，这样就会给生产营销、政府带来很大的监管成本。还有，这样标识给社会公众带来什么心理，什么认识，对社会造成什么影响？我想美国政府是经过深思熟虑的。

朱祯：标识与安全是两码事，标识只代表选择权。以美国为例，美国 70%的农产品产在密西西比河领域，如果转基因和非转基因大豆必须分开的话，仓储、运输整个过程都要单独分开，且很复杂，显然这在实际操作过程中几乎不可能。再说，虽然美国有的州通过了标识的法律，但其正式实施是有条件的，目前没有一个州启动标识工作。

石燕泉：有人说棉花的种苗、种子都做标识，大豆油也做标识，为什么棉籽油不标识呢？做标识要考虑可行性。当时做标识目录时，哪些列入、哪些不列入都是经过各方面专家论证的，当时主要考虑棉籽油不是主要的食用油。

吴孔明：一个管理政策的实行需要考虑到方方面面，比如公众知情权、可操作性。例如转基因大豆，都是从国外进口，从口岸到榨油厂，过程比较容易控制，可以进行标识。但是一旦大豆流入到千家万户，尤其是一家一户用来加工豆腐等，再标识就不容易。有人说加工豆腐等的原料应该标识。中国专门出台了标识管理办法，不是想怎么标就怎么标，也不是谁说哪些产品应该标就标。大豆油作为原料，加工出来的产品又有很多，现实中标识怎么操作？

戴景瑞：有人说棉籽油不做标识没道理。但棉籽油加工和做豆腐类似，个体户可以加工。现代化的豆油加工厂应该标识是合情合理，但是一家一户加工的棉籽油，让他标识，觉得不太可能。

石燕泉：所以标识管理办法是经过反复论证后才确定下来的。随着中国大豆产业逐步萎缩，当国内生产量无法满足消费需求的时候，肯定要进口，且进口的都是转基因的。在这种情况下，监管肯定要费很大的力气。如果重新修改出台转基因产品标识管理目录，考虑是否把豆腐、豆芽等都做标识，也需要进行各方面论证，并做可行性分析。有人总把我国与欧盟比较，欧盟的发展和中国的体制不一样，我们要立足中国国情，不要把发达国家、美国的做法全部搬过来。事实上，中国实行的定性标识比欧盟更严，欧盟要求转基因成分含量超过 0.9%才标识，中国要求只要含有转基因成分就必须标识。

有人说，我国可以不进口转基因产品。如果不进口 6 000 多万吨大豆，几百万吨的玉米，我们怎么去满足消费者的需求？管理得好不好，不是凭哪个人说的，要依法和经得住历史检验。事实上中国是转基因产品标识最多的国家，其他国家对转基因油是不标识的。

彭于发：制定转基因产品标识管理目录是有背景的。转基因产品标识管理目录包含 5 大类 17 种产品，依据是有可行性、可操作性、可监管。总体来看，在中国现阶段，有毒有害的物质要严格管理，安全的要适度管理。这 5 大类 17 种产品都属于安全的，所以要适度管理，而不是作为有毒有害物质严格管理。已知是安全的产品，本来可以不管，为什么还要适度管理？因为时代不同，社会进步了，中国人的温饱问题已基本解决，在温饱问题基本解决之后社会公众就会有知情权、选择权方面的要求。

首先，例如当时的杂交水稻和其他的育种技术，如果在今天，肯定推广不了，但是那时首先要解决温饱问题，所以食品安全问题就不那么突出，也就无所谓知情权和选择权。现在认为安全的产品也要适度管理，是因为要满足消费者的知情权、选择权，这是公民的一种权利，而且是富裕之后的一种权利。但食品安全的重点还是要抓有毒有害物质的严格管理，例如重金属、霉菌毒素等。所以，标识目录不可能面面俱到，也没有任何一个国家做到。欧盟制定定量标识，设阈值为 0.9%，规定转基因成分含量小于 0.9%的食品不需要标识。事实上这些食品仍是转基因食品，消费者就没有知情权和选择权了。

第二，棉花为什么只标识种植用的种子？没有标识棉籽油？因为当时制定这个标识目录是在 2001 年，那时认为棉籽油不是主要的植物食用油，而且安全分析认为棉籽油是安全的，所以做了适度管理。当年转基因抗虫棉的种植属于应急措施，不引进转基因抗虫棉，中国的棉花几乎没法种植，国务院成立防治棉铃虫总指挥部，在这种特殊情况下引进了转基因棉花。棉铃虫是棉花上最重要的害虫，只有防治了棉铃虫，棉农才有积极性种植，中国棉花的生产量和供应量才能基本满足需求。所以，转基因抗虫棉品种很受欢迎，种植面积不断扩大，如今全中国棉区都主要是转基因品种。那么，在生产的棉籽油几乎全部是转基因的时候，还需要特别标识吗？当时采用适度管理原则，如果是有毒有害的产品就需要全部标识，如果是安全的产品，又几乎非常普及，就暂先不列入目录。

第三，对转基因棉花种子做出标识，是出于防止棉花种植的多乱杂现象。那时转基因品种占少数，非转基因品种占多数，转基因棉花品种因抗虫效果好，减少了农药用量和用工成本。当时河北省、山东省出现抢购转基因抗棉铃虫品种，不法分子也看到发财机会，明明是非转基因的，非要贴上转基因的牌子，种子价格高出非转基因 3～5 倍。所以，为了保护知识产权，保护真正的转基因品种，生产的转基因棉花种子必须要贴标签，这样保证了农民高价买的种子一定是真正的转基因种子。

环境安全

吴孔明：关于生态环境，首先要考虑种植转基因作物的风险来自哪里？第一个风险来自基因漂移。种植的水稻里的转基因会不会漂移到野生稻中去，这个风险存不存在？风险是存在的。

比如陆地棉起源于美洲，美洲的基因漂移风险就非常高。因为中国没有野生棉，所以不存在基因漂移风险的问题。但水稻、大豆都起源于中国，所以还是存在基因漂移风险。美国人如何管控这个风险？美国搞转基因抗虫棉的时候，在美国地图上划了几个区，比如不允许夏威夷种植，高速公路段围成的区域是野生棉的保护区，明确界定在这个区域内种植任何商业化转基因棉都是违法的。这是美国管控基因漂移风险的一个方式。

朱祯：除了转基因作物，保护区内也不允许种植普通、常规作物。

吴孔明：第二个风险是对生物多样性的影响。一个生态系统有植物、昆虫、微生物，还有鸟类，这是一个食物链。如果整个生态系统都变成转基因的，那么很多生物都没法活下去，后面的链条势必受影响。

第三个风险，害虫演替问题。任何作物，比如玉米、棉花都有害虫，过去可能是以某些害虫为主，现在由于种植抗虫基因品种，造成这些害虫的生存空间消失，势必要出现其他的物种顶替，这个风险也是存在的。

第四个风险，种植抗虫基因品种之后，尽管这个害虫不再侵害这个抗虫作物，但是它肯定要进化，产生抗性。这个风险也存在。

第五个风险，转基因作物的残枝落叶会不会污染水和土壤，比如转基因棉分泌的 Bt 蛋白进入生态系统后，被其他生物食用后有可能会影响种群。

这 5 个风险是基于科学层面的认知，都客观存在。所有的转基因作物产业化，必须要有严格的环境评估。在中国，转 Bt 基因水稻从开始研发到现在大概经历了 15 年，首先分析每个风险有多大，怎么管控，形成一套环境风险产业化管理的模式，再在这个模式下进行管控。实际上我们国家的转基因棉也是按照这个思路进行产业化。环境保护部门，可能更多考虑的是风险，我们可能更多考虑的是种植转基因作物的益处，所以我们应该试图将风险和益处做对比，找到平衡，管控风险。国际上也是这样的模式。现在基本达成共识了。

转基因棉经过这么多年，有没有实际存在的问题？风险是想象的，客观上有没有产生过风险？一是基因漂移问题。因为中国没有野生棉，所以不需要对野生资源进行保护，但通过基因漂移，现在的中国棉花基本都是转基因的，即便是搞育种的非转基因棉，资源里也有 Bt 基因。第二是害虫的演替问题。现在棉铃虫减少了，但盲蝽象却增多了。但是盲蝽象的抗药性比棉铃虫要小得多，依靠农药还是可以解决。换句话说，一个大的问题解决了，但一个小的问题却在不断长大，比如真有一天农药防治不了盲蝽象。这个过程大概还需要十几、二十年。第三，对生物多样性的影响。以前每年棉田里施用 15 次左右农药，现在降到大概 5 次左右，在农药大量减少的情况下，棉田生态系统中的生物多样性在增加。第四，棉铃虫抗药性的问题。现在只有转基因棉花批准商业化种植，棉铃虫侵害很多作物，比如玉米上的棉铃虫，会对转 Bt 基因棉花田里的棉铃虫有抗性基因稀释的作用。转基因棉花商业化 17 年，现在棉铃虫的抗药性，与 17 年前相比，出现了一些变化，尽管可以检测到抗性基因，但目前这个基因出现的频率比较低，需要在新的抗虫棉中叠加新的 Bt 基因防止抗性的进一步发展。总体认为，在中国 17 年的抗虫棉商业化进程中，环境风险的管控是成功的。

戴景瑞：简而言之，推广抗虫棉是利大于弊，对环境的影响是在可允许范围之内，严格来说不存在什么问题。

朱祯：首先关于基因漂移问题有两个层次：一是向野生资源漂移，二是向常规作物资源漂移。地方品种或者栽培品种向野生资源漂移的问题不是转基因特有的，常规作物同样也会漂移。第二，基因漂移在水稻上不是主要问题。现在长期使用除草剂，大田里的杂草问题非常严重，这不是由于基因漂移，而是由于基因突变或进化出的耐受性，这两者远远不成比例。第三，在稻田里如果使用了转 Bt 基因水稻，植食性昆虫数量会显著降低，但在生物链中还会有替代物种出现。农药在不断地更新，转基因技术也在不断更新，我认为这些问题都可以解决。

在基因漂移方面水稻比棉花要容易控制得多。我们使用的抗虫水稻全是杂交水稻，只要把制种田控制好即可。即使未来发生基因漂移，生产出的稻米也会被全部消费掉。

水稻制种技术非常复杂，农民根本不可能自己生产，必须是拥有资源的单位。实际上我们已经收集很多的野生稻的资源，科学界、政府等各个层面都在对野生稻进行保护。有的是原地保护，比如采取自然保护区的方式；有的是迁地保护，比如植物园。还有种子资源库，我们的资源库保留了几十万份，是世界第三大种子资源库。所以，不能因为野生稻可能被污染而排除一个新的技术，都有保护措施。

朱祯：自然保护区的管理相当严格，在核心区种植算违法。

农药转基因

吴孔明：现在中国生产农药为 300 万吨，我们国家土地上施用 180 万吨。

朱祯：种植水稻需要的农药用量大约是这个数量的 1/6～1/5，可能还高些。现在总说，主粮转基因化有风险，但又提供不出科学根据。如果转基因水稻实现产业化，仅抗虫方面就可以减少大约 20 万吨农药，这个结果已经发表在《Science》上，发表这个结果时，全国农药使用量大约 120 万吨，其中 1/6 左右用于种植水稻。

吴孔明院长在《Science》发表的文章中讲到棉铃虫问题，棉铃虫减少了，但其他害虫出现了。当然现在转基因棉已不需要用剧毒农药，但是还在用农药，技术上并没有解决这个问题。这一点对水稻的启发是，将来水稻也会出现这样的问题，种植的转基因水稻还必须用农药。

彭于发：有人说美国种了十几年转基因作物，农药用量不仅没有减少，反而增加。这个问题应这么看：美国推广转基因作物后农药用量增加了，但是这个农药总量包括除草剂，除草剂不是传统意义上的农药。农药公司为了推广除草剂，才把除草剂和种子捆绑在一起销售。

吴孔明：转基因抗除草剂的作物就是因为作物本身能够抗除草剂，才使用除草剂消灭杂草，这样就增加了除草剂的使用，降低杀虫剂的使用量。

朱祯：草甘膦能够被杂草代谢为甘氨酸的代谢物，在自然环境中迅速降解掉。

转基因的决策机制与管理模式

杨晓光：目前政府在食品安全，包括风险和安全等方面与社会公众交流不够，不够透明，很多事情公众不了解。目前农业部已通过网络公开了农业转基因生物相关法律、法规、安全评价标准、指南、检测机构、安全委员会工作规则和委员会组成名单、安全证书审批以及相关安全评价资料等，但是现在还是以往的工作模式。欧美国家则不同，他们讨论任何一个安全标准或者转基因评价项目，不管结果如何，都会在网上公布最后结果，告知公众在讨论什么标准，哪些方面的专家参加了讨论，这样公众就可以了解这个事情的进展。

石燕泉：有人说转基因工作应该多部门管理。事实上转基因工作也不仅仅是农业部监管，中国建立了由 12 个部门组成的农业转基因生物安全管理部际联席会议制度，负责研究和协调农业转基因生物安全管理工作中的重大问题。

朱祯：据《Science》报道，欧盟和美国的转基因食品管理模式不同。美国的管理模式是在白宫副总统办公室下设一个办公室，专门协调农业部、环保局、FDA 三家共同管理，而欧盟主要依靠农业部门主管运行。因而，社会公众认为美国的管理系统客观中立，而对欧盟的管理模式，公众认为农业部一定会替农业说话，使公众产生疑惑。所以，这主要与社会情况和管理方式有关。还有，美国一般比较容易接受新生事物，而欧洲人更保守。

美国的管理模式有两个要点：一是由 3 个部门共同管理；二是层次高，副总统直接负责。世界上转基因产业化成功的两个国家：一个是美国，达 7 000 多万公顷；另一是巴西，4 000 多万公顷。一个是发达国家，一个是发展中国家，一个是副总统管，一个是总统管。转基因已经不单纯是技术工作，它涉及经济、国际贸易、公众认知以及政治。这个问题应该由多部门参与。所以，我一再建议应该由国务院总理或副总理一级的领导主要负责，协调各部门，当然农业部依然作为一个主管部门。农业部起主要作用和主要挂靠单位的负责作用，但国家层次必须由高的决策层参与。

石燕泉：中国的转基因管理工作不是由农业部一家管理的，而是由相关部门共同参与管理。除了前面提到的 12 个部门参加的部际联席会议外，国务院在 2011 年对《农业转基因生物安全管理条例》第四条进行了修改，要求“县级以上各级人民政府有关部门依照《食品安全法》的有关规定，负责转基因食品安全的监督管理工作。”

朱祯：讨论应该是科学、理性、求实的，全面从国家利益考虑。这四点之后，对确实存在的问题，不要无限放大。现在所有的责任和任务都由农业部承担，如果农业部之上设置一个国家的协调机构，这样农业部的风险会降低很多，是明智的选择。

转基因产业化的现状与展望

黄大昉：发展转基因与保障中国粮食安全和提高科技与市场竞争力密切相关。正是这两个相关性才是过去和现在中国政府制定转基因政策的根本依据，才是探讨“转基因安全”争议，寻求社会共识的重要基础。

1）全球转基因生物育种发展势头强劲。

首先，生物技术是整个生物产业的推动者和支柱。

1991 年成立的国际农业生物技术应用服务组织（ISAAA），其权威性越来越受到各国政府、企业、研究单位、公众的认可。2013 年该组织发布结果显示，1996 年全球的转基因作物产业化为 170 万公顷。转基因技术从 20 世纪 70 年代开始，80 年代加快发展，到 90 年代中期进入产业化阶段。2013 年达到 1.752 亿公顷，产业化初期的 1996 年 170 万公顷增加 100 倍，超过任何其他农业技术，也可以说是农业技术发展史上的奇迹。现在有 27 个国家正式批准产业化，37 个国家虽然没有批准种植，但允许它作为加工原料进口，这样总共有 64 个国家和地区，占全球人口的 3/4，这样已经达到相当大的规模。

现在全球几个主要转基因作物是大豆、棉花、玉米、油菜。转基因大豆和转基因棉花的种植越来越广泛，基本占有 70%以上的全球市场，转基因玉米占 1/3，达到非常大的规模。转基因作物有很多间接效益、综合效益，例如在节约耕地、环境保护、减轻贫困方面的作用是毋庸质疑的。

现在提倡农业增长方式、农业发展方式的转变，这在发达国家非常明显。美国的玉米在生物技术发展以后，单产有很大的提高。尤其是，它不是单纯地依靠转基因技术，而是把转基因技术和其他常规的优良生物技术结合起来，像双单倍体育种技术、分子标记辅助育种技术，所以现在整体发展速度非常快。中国的玉米单产与美国有 1/3 的差距，美国在 20 世纪 90 年代中期以前玉米单产为 400kg 左右，现在已达 600kg，应该说是依靠转基因技术为主的综合技术的结果。

巴西从 20 世纪 90 年代末期开始将转基因作物从美国走私到阿根廷，偷偷种植。后来种植得越来越多，2003 年卢拉总统上台后，改变政策，支持转基因作物。这一改变使得巴西的农业生产面貌发生非常大的改变，以至现在中国

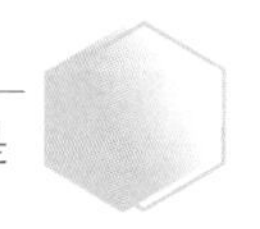

30%的大豆从巴西进口。

现在新一代转基因作物越来越多，像高不饱和脂肪酸的大豆、转基因精大米、抗旱的一些作物。虽然中国在这方面也有很大投入，但是与国际的差距却越来越大，因为国外在产业化带动下，研究发展很快。现在我们国家有人提出，只做研究，不搞产业化，但实际上如果产业化不发展，带动不了研究的发展，这是国际上的一个明显的趋势。

简单来讲，现在转基因生物育种已经进入战略机遇期，谁抓住谁就上去，谁不抓谁就会受制于人。这是基本事实。

2）中国农作物生物育种进展引人瞩目。

中国已初步建成世界上为数不多的，包括基因发掘、遗传转化、良种培育、安全评价、产业开发、应用推广等关键环节在内的生物育种创新和产业开发体系，在棉花、玉米、水稻等农作物生物育种的基础研究和应用研究上初步形成了自己的特色和比较优势。

转基因技术已经是科学技术发展的必然，大势所趋，无法阻拦，像生物医药、材料技术等是新技术革命的一个重要组成部分。应该说，中国很早就开始发展转基因技术，真正第一个让转基因技术走向应用的也是中国，而不是美国。现在在安全管理规范的基础上，转基因技术的发展主要依靠政府的支持，比如“863”计划、“973”计划以及现在的国家科技重大专项。

转基因抗虫棉是最典型的例子。如果当初不发展抗虫棉，现在会是什么局面？就和印度一样，纺织品在世界上没有任何的竞争力。我们研发的抗虫棉不仅为生产做出贡献，在科学研究上，也产生巨大的国际影响。

抗虫转基因水稻的研究开发也是中国生物育种领域具有重要国际影响的创新性成果。我们在产业化方面已经完全具备与国外竞争和抗衡的能力。当年我们搞抗虫棉的时候没有现在这么好的基础，可我们居然能够战胜跨国公司，为什么现在有这么好的产品反而没推进？现在情况很严峻，国外公司可能已经形成了对我们的包围之势，明明知道我们国家种植转基因作物的政策一直没有放开，他们就一直等待时机。如果将来中国在农业技术没有创新的话，粮食安全也会是个大问题。

现在中国化肥、农药的用量均占世界总量的1/3，但水稻的单产并没有大量的增长。虽然袁隆平先生对水稻做出了重大的贡献，但只是在局部小面积提高了超级稻产量，大面积上水稻单产还是很低。不仅仅水稻，粮食单产也是这样，这几年基本不变，略有增加，但是现在种植面积非但没有增加，反而有所下降。单纯依靠传统农业技术和生产方式已难以突破发展的资源约束和技术瓶颈。中央已经明确要求确保口粮完全自给自足，现在连谷物也要基本自给，但是现在对肉、蛋、奶的需求急剧增长，3～4 千克粮食换 1 千克肉，所以只要肉类需求增加，粮食或者饲料需求也会相应大大增加。这个问题非常严重。

今后在粮食安全上突出的矛盾是玉米的安全，因为它主要用于饲料，部分用于工业加工。有人担心玉米将会完全受国外控制，完全没有安全可言。

我们已经处于关键时刻，如果再止步不前，将会失掉难得的发展机遇，受制于人。如果现在我们停止无谓的争议，有建设性地进行讨论，积极地推动转基因生物新品种培育产业的发展，我们有信心、有能力和跨国公司抗衡。

吴孔明：转基因棉花为何没有引起争议？20 世纪 80 年代末期到 90 年代初期，由于大量使用农药，棉铃虫产生抗性，成为整个生态系统中最大的害虫，对整个农业带来非常大的冲击，形成大的自然灾害。当时中国还没有转基因管理的法规，河北省农业厅以引进企业的形式引进孟山都公司的转基因抗虫棉技术，没有经过任何的转基因法规审批，但马上产生强大的需求，因为大田里种和不种转基因抗虫棉有天壤之别，所以在 2～3 年内，整个华北地区转基因棉全部实行产业化。在农业历史上没有一个技术能这么快被接受，不推自广。当然棉花是一个特例，在很多中国人还没搞明白什么是转基因技术，也没有争议的情况下，当时作为一种危机处理，进行了产业化，自然大家也都接受了。

朱祯：中国转基因技术研发的整体现状如何？现在面临的主要困难是什么呢？中国可以看做是第二个转基因大国，但不能说是转基因强国。中国从事该技术的人数可能比美国还多。转基因技术研发阶段分成上、中、下游，上游是基因的发现和克隆，我们已经迅速赶上，某些方面甚至处于国际领先地位。中游的转基因技术研发也没有什么问题，因为中国的组织培养技术很好，只是我们没有规模化，没有进行工厂化操作，这是欠缺。下游产业化，面临最大的两个困难，第一是没有巨型的种业公司，我们国家前 50 强公司的市场聚集度总和还没有国际第一强的高，国际前 3 强占了世界市场的 40%。所以企业不可能投入巨资进行研发。第二是舆论环境已经成为制约产业化的瓶颈。现在越讨论越复杂，关于安全性讨论和安全性检测项目越来越多，要求越来越高。国际上，从政府到企业都在进行管理标准的制定，一旦这些监管变成国际标准后，将对中国的种业产生重大影响。人家制定了游戏规则，我们就没有说话的权利。美国从国家到企业都在进行管理标准的制定，我认为不可能没有重大意义。这些管理标准是不是可以被他国作为国际贸易的技术壁垒？国外产业对我们制约很大。未来我们产业化的难度会越来越大，对安全性要求会越来越高，包括国际的一些协议和标准等。现在这样长期争论下去永远不会有结果，有人说要等 50 年，有人说要等 300 年。那样我们就彻底完了。

吴孔明：从科学层面说，中国科学家的研发水平接近国际先进水平，水稻方面甚至处于领先位置。但是从产品的研发到产业化的应用，不管是体制机制还是市场，中国与国际水平差距越来越大，简直不可同日而语。

首先从研发体制上，支撑农业发展的主要是种子和农药，包括化肥。过去种子企业、农药企业和化肥企业各做各的，彼此之间没有关联，国际上也是这样。但是随着生物技术的发展，国际上大的跨国公司把几个独立的业务通过转基因串起来，这样就出现了国际农业科研产业化的重组，重组的结果是：孟山都作为生产除草剂的公司，收购了岱字棉种业公司；杜邦公司收购了先锋公司。所有大的跨国农药公司统统将种业公司兼并，形成农药种子一体化，垄断性越来越强。所以，现在种子、农药完全被这些大公司通过知识产权和转基因技术掌控，这是现实。现在中国农药、种子、化肥还是分开搞，全部小规模生产，技术也没有融合，这个差距将越来越大。

从产业层面来讲，我是越来越悲观，再这么下去，我们的市场越开越大，最后完全会被外企打垮和垄断，这是我的一个基本判断。

朱祯：美国在横向垄断有《反垄断法》，但在纵向垄断鼓励整合。这个整合过程是以转基因技术为核心，在整个农业产业链中占据非常重要的位置。中国在这个核心问题上还无法达成一致意见，更谈不上整合。

吴孔明：现在转基因产业化最大的问题在什么地方？转基因作物进入市场需要三个要素：一是成熟的产品，例如转 Bt 基因水稻应该是成熟的；二是法规允许，转 Bt 基因水稻获得安全证书；三是市场接受。现在前两个要素都具备了，但是大家吵来吵去，都不愿意吃，也不愿意接受，所以就没市场。因此，目前核心问题是不具备这第三个要素——市场，这个是全局性的问题。

黄大昉：市场应该分两方面：一是消费者，二是种植者。农民对转基因抗虫水稻是支持的，否则也不会有现在所谓没有按规定种植的问题。农民种植是有市场的，种子也是有市场的，现在有障碍的是消费者市场。

戴景瑞：现在没有人说中国的转基因技术已经对粮食安全发挥了作用，只是说有潜力。没有产业化哪来效益？有些人扼杀转基因产业化，阻碍了效益的发挥，这是客观事实。有人编造谣言，丑化转基因以及丑化转基因研究队伍，这是非常错误的。

吴孔明：转基因要产业化，必须按法规办事。因为中国的企业规模普遍比较小，遵守法规的能力非常弱，所以现在像转基因这类高技术产品被各个国家用来形成一系列的贸易壁垒。抗虫棉之所以能搞下去，也是唯一的特例，因为棉花饲用部分不出口，仅国内使用，但是水稻、玉米、小麦这些粮食存在食品国际贸易。

现在中国转基因产业化弱点在哪？科研水平没问题，但是中国的企业没有形成能够履行国际化标准和法规的强大体系，即便转 Bt 基因水稻产业化以后，还会有一系列的问题。这是目前需要在体制上解决的问题。但这个问题的解决又与国内的转基因产业化相关，如果产业化推进不了，那么企业就没有能力去建立国际化法规体系。

现在农药产业就是这样，中国是世界上最大的农药生产国，但中国生产的农药大部分是利用别人过期的专利。转基因产业也是如此，现在比较成熟的产品都是利用孟山都公司过期的专利，它们都已经通过全世界的法规审批。我们研发的新产品，要商业化，进入国际市场，需要经过各种检测、审批、专利保护，会带来一系列的问题。现在最关注的问题：一是现在国内转基因产品市场能不能开放；二是国内市场开放后，我们能不能形成一个规范的体系来衔接国际贸易？

我们国家可以控制药品的进出口，也可以控制飞机的进出口，可以不要国际审批，但是，比如转基因大米做成的点心、食品进入国际市场，按照相关国家法规，如果销售未经进口国家批准的含转基因成分的食品，一旦被检测出，进口国家就可以销毁或者退货。所以，这是转基因作物产业化在法规层面存在的非常大的问题。

我国分级分阶段管理转基因作物

段武德　朱水芳　等

［《人民日报》2012 年 12 月 21 日我国政府如何对待和管理转基因作物、转基因食品？“求证”栏目记者采访了原农业部科技发展中心主任段武德、中国检验检疫科学院朱水芳研究员、原中国农业科学院生物技术研究所黄大昉研究员等。］

如何监管转基因作物安全

【回应】按照危险程度及试验流程分级分阶段评价管理

段武德：根据 2001 年颁布的《农业转基因生物安全管理条例》（以下简称《条例》），国务院建立了由农业、科技、卫生、商务、环境保护、检验检疫等部门组成的部际联席会议，负责研究、协调农业转基因生物安全管理工作中的重大问题。

依照《条例》及配套规章，我国对农业转基因生物实行分级分阶段评价管理。分级管理，即按照对人类、动植物、微生物和生态环境的危险程度，将农业转基因生物分为 4 个等级：安全等级Ⅰ，尚不存在危险；安全等级Ⅱ，具有低度危险；安全等级Ⅲ，具有中度危险；安全等级Ⅳ，具有高度危险。分阶段管理，即转基因生物研究与试验按照试验研究、中间试验、环境释放、生产性试验和申请安全证书 5 个阶段依序进行，实行报告制或审批制管理。

对已发放生产应用安全证书的转基因作物，加强品种审定、种子生产经营、商业化生产管理、标识等监督管理，杜绝非法生产经营转基因农作物种子和产品的行为。即便是产业化多年的产品如抗虫棉，对新品种安全证书发放也严格进行质量把关，生产应用环节也须持续监测田间棉铃虫抗性发生发展状况和次要害虫的发生发展状况，推动采取综合治理措施，以延缓害虫产生抗性和控制次要害虫的上升。

对于进口的转基因生物，按照用于研究和试验的、用于生产的、用作加工原料的三种用途实行审批管理。

我国种植转基因大豆吗

【回应】未批准种植转基因大豆；转基因大豆油要标注

段武德：美国孟山都公司于2002年向我国提出大豆GTS40-3-2进口用作加工原料的安全证书申请，农业部即依据《条例》及配套规章，组织研究并确定了检测方案，分别由中国农业科学院植物保护研究所、南京农业大学对基因漂流、生存竞争能力和对生物多样性的影响等三项环境安全指标进行检测；由中国疾病预防控制中心食品与营养安全研究所对慢性毒性和抗营养因子等食用安全指标进行检测。

国家农业转基因生物安全委员会对该申请的全部资料和国内相关检测结果进行审查后，农业部于2004年向孟山都公司发放了转基因大豆GTS40-3-2进口用作加工原料的生物安全证书。根据我国《条例》规定，进口的转基因大豆仅允许用作食品和饲料加工原料，不得用于生产种植。迄今我国未种植转基因大豆。

根据《农业转基因生物标识管理办法》规定，大豆种子、大豆、大豆粉、大豆油、豆粕被列入第一批实施标识管理的农业转基因生物目录，对以转基因大豆为原料的大豆油要专门进行标注。

朱水芳：对进出境转基因大豆油，国家质量监督检验检疫总局要进行转基因标识和符合性检测。

如何看待转基因作物

【回应】应科学理性认识，发展与管理并重

黄大昉：对转基因作物的认识要科学和理性。应当看到以下基本事实：国内外大规模应用已超过16年，每年亿万公顷土地种植转基因作物，数十亿人食用转基因食品，未发现任何真正有科学证据的安全问题。经过多年科学评价和严格管理，人们当初担心的某些问题陆续得到澄清和有效控制。实践证明，依法批准生产的转基因作物可积极推广，放心食用。

我国在农作物传统育种方面取得了大量成果，然而单靠常规技术难以突破农业发展的资源约束和技术瓶颈。为了增强农产品长期供给与保障能力，为了增加农民收入，为了抢占生物技术制高点，打破国外公司的垄断，我国必须加快转基因技术的发展。

转基因技术仍是一种新兴技术，仍须深入开展科学研究并不断提升安全风险评估、风险管理水平，使这一技术健康发展，日臻完善。

获安全认证的转基因食品与传统食品一样安全

林　敏

［人民网2013年9月2日就《环球时报》刊登的彭光谦"八问主粮转基因化"文章专访中国农业科学院生物技术研究所所长、研究员、转基因生物安全委员会委员林敏］

转基因技术是现代生物技术的核心

问：针对《环球时报》发表的彭光谦"八问主粮转基因化"文章，你有何评价？

林敏："八问主粮转基因化"文章，其质疑转基因的论点与以往相比没有任何新意，缺乏理性分析，但言辞激烈，矛头直指转基因技术、转基因科技人员和相关主管部门。我们认为，转基因安全问题本质上还是一个科学问题，转基因争论只能本着科学的态度，以事实为依据，才能正本清源，远离谬误。

问：转基因是一项很专业的技术，您能先给我们简单地介绍一下什么是转基因技术吗？我们应该如何对待？

林敏：转基因技术是指将人工分离和修饰过的基因导入到生物体基因组中，使生物体获得新的性状，如抗虫、抗除草剂等。20世纪80年代末，科学家们开始把10多年分子生物学研究的成果运用到生物新品种培育上。1994年，首例转基因植物产品——耐贮存番茄进入市场，1996年开始转基因作物实现商业化种植，从此得到迅速发展，势不可挡，17年转基因作物种植面积增长了100倍。转基因技术是科技发展的产物，是现代生物技术的核心，带来了生物育种技术革命，拓宽了可利用基因的来源，实现了育种工作的可预期、精准、可控、高效，大大节约了人力、物力和时间。转基因技术是一项新技术，属于科学范畴的问题，我们应以科学的态度去对待它，而不是带着"有色眼镜"，先入为主地打上标签。

问："八问"文章指出，由于转基因打破千万年来形成的物种纵向遗传，强行实行基因跨物种横向转移，这里既可能蕴含新的机遇，也很可能潜藏巨大风险，这种说法您怎么看？

林敏：转基因技术作为一种新技术，本身是中性的，安全不安全关键在于转入什么基因，表达产物是什么，如何监管。就像原子能利用技术，既可以用来制造原子弹，作为杀人武器；也可以用来发电，服务于我们的生产生活。正是基于这种认识，国际上对转基因技术普遍采取了风险评估、风险交流和风险管理，制定了一系列的安全评价技术规范，将风险达到最低并可控。我国也制定了《农业转基因生物安全管理条例》和配套的管理办法，以法律的形式对转基因技术进行管理，保障这项技术为我国服务。欧盟最近的一份官方报告声明："从涵盖超过25年的时间、涉及500多个独立研究小组的130多个研究项目得出的主要结论是：生物技术，特别是转基因技术，其自身并不比常规育种技术风险更大。"

获得安全证书的转基因食品与非转基因食品具有同样的安全性

问："八问"文章指出，有人经过实验，证实转基因食品与肿瘤、不孕不育等具有高度相关性。您怎么看这种观点？

林敏：转基因食品致肿瘤、影响生育等被权威机构证实是虚假的。

2012年9月19日，法国凯恩大学塞拉利尼教授在《食品与化学毒物学》科学杂志上发表一篇论文，报告了用转基因玉米NK603进行大鼠两年饲喂研究，引起大鼠产生肿瘤，此事引起广泛关注。欧洲食品安全局受欧盟委员会委托对该论文进行了评估，2012年11月29日，欧洲食品安全局作出最终评估认为，该研究得出的结论缺乏数据支持，相关实验的设计和方法存在严重漏洞，而且该研究实验没有遵守公认的科研标准。因此，不需要重新审查先前所作出的NK603玉米是安全的评估结论。关于转基因食品致肿瘤的所有流言基本来源于此。关于转基因食品影响生育的说法就更加荒诞。2010年2月2日，某网站刊登文章称，"多年食用转基因玉米导致广西大学生男性精子活力下降，影响生育能力"。据核实，广西从来没有种植和销售转基因玉米。该文章有意篡改广西医科大学梁季鸿博士关于《广西在校大学生性健康调查报告》的结论，与并不存在的食用转基因玉米挂钩，得出上述耸人听闻的"结论"。值得一提的是，就在今年，英国人马克·莱纳斯在牛津农业会议上发表演讲称，"我很抱歉自己在20世纪90年代中期帮助发动了反对转基因的运动，在妖魔化这项可以造福环境的重要技术选择的过程中出了力。"

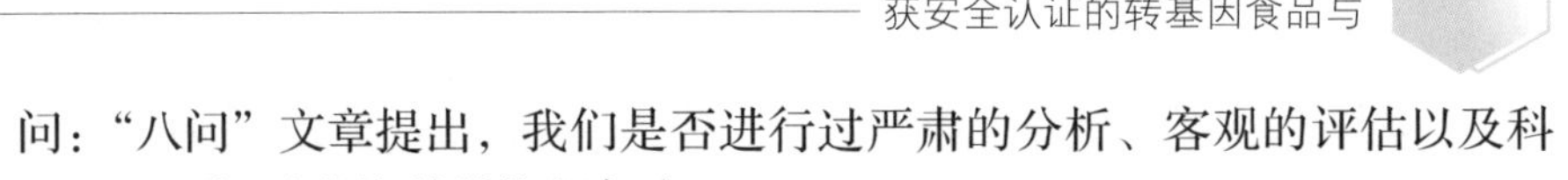

问："八问"文章提出，我们是否进行过严肃的分析、客观的评估以及科学的论证？我们引进的科学依据何在？

林敏：转基因食品入市前都要通过严格的毒性、致敏性、致畸等安全评价和审批程序，不计算实验室时间，仅进入安全评价阶段一般需要3年以上时间，目前还没有其他食品经过了这样严格的安全评价。转基因食品与非转基因食品具有同样的安全性。世界卫生组织及联合国粮农组织认为：凡是通过安全评价上市的转基因食品，与传统食品一样安全，可以放心食用。转基因食品的安全性问题受到国际组织、各国政府和消费者的高度关注。国际食品法典委员会于1997年成立了生物技术食品政府间特别工作组，制定了转基因领域风险分析原则和指南，成为各国公认的食品安全标准和世贸组织裁决国际贸易争端的依据。一个不争的事实是，全球转基因商业化应用已经17年，食用转基因产品的人口占到4/5，还没有发生一例被证实的食用安全问题。

我国对转基因育种技术和常规育种技术同等重视

问："八问"文章指出，"十二五"期间，我国有关部门对转基因品种的研发拨款高达创纪录的300亿元，是同期常规育种经费的166倍。为什么有关部门如此厚此薄彼？真实情况是这样吗？

林敏：2008年我国启动实施了"转基因生物新品种培育重大专项"，这也是农业领域唯一的重大专项。2010年国务院又将生物育种产业确定为战略性新兴产业，予以重点支持。2008—2012年，5年国家共投入50多亿元，每年只有10多亿元，投入是十分有限的，而一个国际种业大跨国公司年研发经费投入就超过10亿美元。专项经费投入的同时，并没有挤占原有育种经费，同期国家通过"863"、"973"、"支撑计划"和"行业科技专项"等对常规育种的投入经费并未减少，我估计不会少于对转基因育种的投入，不知彭先生的数据是从哪里来的。事实上，转基因技术离不开常规技术，不能把两者对立起来，通过转基因技术筛选的基因也要转入常规品种，并经过常规选育才能培育出好品种。

美国在转基因技术知识产权问题上并不"慷慨"

问："八问"文章提出，美国对外进行高新科技封锁，唯独转基因技术例外。孟山都和杜邦这样的利益集团异乎寻常地慷慨，美国这种反常的态度里面究竟有什么蹊跷？您怎么看？

林敏：美国在转基因技术知识产权问题上并不"慷慨"。目前，全球已有涉及抗病虫、抗除草剂、品质改良等13类目标性状、24种转基因作物进入市场销售，但绝大部分核心技术仍为发达国家所控制。经多年商谈，去年美国才勉强同意我国可以无偿应用将于2014年专利到期的抗除草剂大豆进行育种应用，但要进行商业化开发必须到2014年以后。转基因知识产权问题一直是中美两国谈判的焦点。目前销售给我国的转基因农产品只能用作加工原料，不能种植，也不能作为育种材料，从未"慷慨"过。

我国对转基因技术进行严格管理

问："八问"文章指出，我国的主管部门理应是人民可信赖的安全卫士，但令人不解的是他们却为转基因食品大开方便之门。转基因水稻多年来散布至华东、华中各地，外国转基因玉米冒充杂交品种在中国大规模扩散，至今未见任何人出来制止。这种说法与实际情况相符吗？

林敏：我国对转基因技术进行严格管理。2001年，国务院颁布实施了《农业转基因生物安全管理条例》，建立了由农业、科技、卫生、食品、环保、检验检疫等12个部门组成的部际联席会议，并推荐组建了国家农业转基因生物安全委员会，负责转基因生物安全评价。依据《条例》，制定了农业转基因生物安全评价、进口、标识、加工、进出境等5个管理办法，发布实施了近百项国家标准，认定了39个转基因生物安全监督检验测试机构。农业部成立了农业转基因生物安全管理办公室，负责全国农业转基因生物安全监管工作。县级以上地方各级人民政府行政主管部门负责本行政区域内的农业转基因生物安全的监督管理工作，实现了对转基因研发工作的有效管理。由于我国的《农业转基因生物安全管理条例》是2001年颁布的，而我国的转基因研发工作早在20世纪90年代国家"863"计划支持下已经开始，在法规实施前由于研发单位的材料交换导致转基因水稻的零星扩散，但经过多年的清除，已经基本得到控制。至于转基因玉米非法种植纯属子虚乌有。对发现的违规种植情况，发现一起，查处一起。

西方转基因大国坚守不对自己主粮搞转基因与事实不符

问："八问"文章提出，西方转基因大国一方面坚守绝不对自己主粮搞转基因的底线，另一方面却把拿下中国主粮转基因作为他们的最终战略目标。民以食为天。中国怎么能把13亿人吃饭这样的天大问题任交别人控制？一旦形

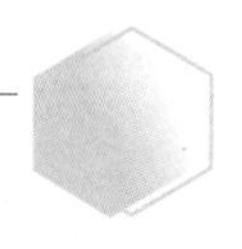

成垄断，如果西方无限抬高粮价，我们还吃得起吗？您怎么看这种说法？

林敏：美国是世界上转基因作物最大生产国和消费国，也是食用转基因农产品时间最长的国家。美国种植的86%的玉米、93%的大豆和95%以上的甜菜是转基因作物。据联合国粮农组织的食物平衡表最新数据显示：美国出产玉米的68%、大豆的72%及甜菜的99%用于国内自销。说转基因作物是美国设计的危害中华民族的陷阱，这种阴谋论是冷战思维的产物。欧盟1998年，批准了转基因玉米在欧洲种植和上市，获得授权的转基因玉米就有23种、油菜3种、土豆1种、大豆3种、甜菜1种，2012年仍有西班牙、葡萄牙、捷克、斯洛伐克、罗马尼亚5个国家批准种植转基因作物，除了极少数是作饲料或工业用途，绝大部分都是用于食品。日本连续多年都是全球最大的玉米进口国、第三大大豆进口国，2010年日本进口了1 434.3万吨美国玉米、234.7万吨美国大豆，其中大部分是转基因品种。

2012年我国进口了大量的玉米、小麦、植物油等大宗农产品，其中大豆进口量为5 838万吨，如按照当前我国的大豆平均单产计算，我国自己生产需要近4亿亩的耕地，我国没有这么多的后备耕地资源。利用国外国内两种资源，统筹两个市场是我国的必然选择。

国际交流与合作已经是一种潮流

问："八问"文章指出，有资料显示，中国转基因的积极推动者大都有美国资金和机构培养的背景，不少基因专家在销售转基因种子的公司有兼职。这里是否存在一条隐形的利益链？您了解的情况如何？

林敏：如果说研究转基因有利益的话，首先就是国家利益。随着改革开放的不断深入，特别是近年来实施的"千人计划"，吸引了一批具有海外留学和工作背景、掌握转基因前沿技术的高端人才相继回国，国际交流与合作更加广泛和深入，其他行业也是如此。"千人计划"要求引进人才每年在国内工作不少于6个月，言下之意其他时间仍可出国工作，引进的条件之一就是在国际知名科研单位、高校和企业担任高级专业技术职称、高级管理职务并具有博士学位的人才。新中国成立之初的"两弹一星"元勋大多有留学欧美的经历，这些海外知名学者和专家，满怀爱国之情、报国之志，毅然放弃国外优厚条件和生活待遇，投身到祖国的转基因研究与应用事业中来，这样主观臆测对他们实在不公。

转基因作物不存在“滥种”

寇建平

[2014 年 10 月 18 日《北京青年报》在“全国媒体记者转基因报道研修班”期间采访农业部科技教育司转基因生物安全管理与知识产权处处长寇建平]

导读：部分科学家指责农业部在转基因产业化问题上的“不作为”，研修班会议间隙，在同《北京青年报》记者单独交流时，寇建平处长坦言农业部门要考虑全局，有许多顾虑，推进产业化既要看民众对转基因食品的接受程度，还要考虑产业化的机制设计是否齐备。

在举办的“全国媒体记者转基因报道研修班”上，农业部科技教育司转基因生物安全管理与知识产权处处长寇建平就转基因安全监管等热点问题一一进行解释澄清。他明确表示，转基因食品的安全性是有定论的。转基因生物的安全性问题，不能是个人说了算，不是“隔壁王大妈说不安全”，而应该是专业的权威机构说了算。

据了解，这些权威机构包括部际联席会 12 个成员单位，即由部际联席会 12 个成员单位推荐的安委会，目前第四届共 64 名委员，其中农业领域 25 人、环境领域 19 人、质检领域 11 人、卫生食品领域 18 人；标准委员会及目前 40 个双认证有资质机构。此外，还有同行专家群体。

寇建平强调，转基因产业化也不受利益集团控制。目前，转基因研究的经费来源于国家财政资金资助，评审制度为政府组织第三方权威机构和科学家团队进行评价，审批部门同样为政府部门，负责批准发放安全证书和品种审定证书。涉及国务院部际联席会议成员单位、转基因生物安全委员会、第三方检测机构等。

“你说把那么多买通了，可能不可能?”他反问。

此前，部分科学家指责农业部在转基因产业化问题上的“不作为”，研修班会议间隙，在同《北京青年报》记者单独交流时，寇建平处长坦言农业部门要考虑全局，有许多顾虑，推进产业化既要看民众对转基因食品的接受程度，还要考虑产业化的机制设计是否齐备。

据报道，目前公众对待转基因技术多存有疑惑，对转基因食品及相关话题

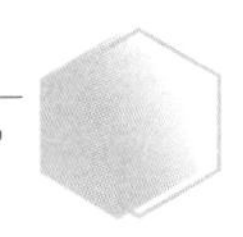

日益敏感。被问及为何会出现这种趋势，寇建平认为，随着生活水平的提高，民众对生活质量要求更高、自主选择意识更明显。

就在同其交流过程中，他的手机连响几下——信息来自在此前一天刚在研修班上做科普演讲的转基因棉花专家吴孔明院士。因为讲到目前科学家未发现转基因食品影响生育，经媒体报道后，吴院士遭到个别反转人士攻击，一早上收到数封“骂人”邮件。而该结论此前早已印在农业部宣传转基因科普的小册子上。

此外，针对公众关注的两种转基因水稻安全证书到期问题，在与《北京青年报》记者交流中，寇处长也一一阐明了自己的看法。

问：近来央视接通知，全面叫停强调“非转基因”的广告。您了解这个情况吗？

答：这个是由农业部、工商总局一起做的。说全面叫停“非转基因”广告不准确。只是针对不实和存在误导消费者的广告。个别企业广告涉及转基因的宣传部分，不符合广告法基本精神，严重不真实。因为通过安全评价的转基因产品与非转基因产品具有同等的安全性，也就是实质等同原则，这不管在国际上还是在我国都是有定论的。暗示非转基因更健康会误导消费者。况且，目前国内外的花生、水稻等一些根本没有实现转基因商业化种植的作物，也宣称自己是“非转基因”的。因此，必须规范涉及转基因的广告，对没有商业化的产品禁止使用“非转基因”广告词；对已经商业化的产品，也不能使用非转基因更健康等误导性语言，不能把转基因变成商战的战场，为转基因产品和非转基因产品提供一个公平竞争的环境。

问：如何评价转基因大米公众试吃活动？

答：属于个人的自愿行为。

问：前不久，央视记者在湖北调查，发现超市有售转基因水稻。但农业部目前未批准转基因水稻商业化。此前也有反转人士质疑，中国已经成为转基因作物滥种最严重的国家。情况到底怎样？

答：应该说不存在“滥种”问题。“滥种”可以理解为已经泛滥。央视调查中，提到在湖北买5袋大米，3袋检测出转基因。按这个结论往回推，市场销售的水稻种子中起码有3/5为转基因品种，但事实上是不可能的。节目中记者调查时还要打电话找“熟人”购买，说明量很少，属于“地下”交易。没有种子不可能大规模种植。但零星的违规偷种行为确实有，我们的态度是非常明确的，发现一起查处一起，决不姑息。

转基因作物种植总体可控。目前，对转基因品种从实验室到制种、销售等环节，都有监管流程。首先，转基因实验要经过农业部审批，对种植时间、地点、规模均有规定，同时附带监管措施。比如因作物不同规定周围100米或300米之内不能有同类作物种植，防止花粉扩散。在田间播种期、作物的开花期、收获期等关键环节，监管部门要到现场，看种植规模、时间、地点是否符合批准要求，周围隔离措施是否到位。还要监管种子收获、秸秆灭活等处理，发现次生苗都要翻掉，要保证实验做完后，就没有这个作物存留，保证全程不会造成扩散。

问：农业部门监管得过来吗？

答：可以实现有效监管。按照属地化管理原则，除了海南试验多一些，兼管任务较重外，其他省份试验田没几块。按照程序依法进行，研究阶段的种子不可能扩散出去。此外，在品种审定环节，我们还专门采取措施，规定凡参加审定的品种，都要进行转基因成分检测，发现后即停止审定资格，对制种基地，种子市场也要进行抽检，这就防止了转基因种子非法流入市场。

问：既然有完备的监管流程，种子从哪里流出来的？目前转基因作物非法种植的排查情况如何？

答：转基因监管工作是一个常态化工作。我们每年都有排查，发现一起，查处一起。但转基因水稻的零星扩散有历史原因。1986年，我国国家高技术研究发展计划（简称“863”计划）中就安排了转基因水稻研究项目，在此阶段，转基因水稻研发进程较快，还曾经组织过抗虫转基因水稻的推介会并赠送种子，而2001年《农业转基因安全管理条例》才颁布。条例颁布后，确立了对转基因科研、产业化的依法管理，也对流出的种子进行了收回和销毁，但不能保证有人偷藏种子，非法种植和销售，那就依法严格监管，发现一起查处一起。

欧盟退回我们的米制品与我国退回美国输华的转基因玉米品种一样，都涉及管理的问题。比如华中农业大学的转基因水稻已获得国内安全证书，是安全的，但根据贸易国（地区）规定，要合法销售，不仅要取得本国的安全证书，还需要取得贸易国的安全证书。而我国并没有到欧盟申请安全证书，因此遭到欧盟退运。同理，美国输华玉米在未获得我国颁发的证书前，不能到中国市场来，如转基因玉米mir162，但其他已获我国批准的转基因玉米就可以进口。

问：我国转基因安全评价的程序是什么？

答：我国有健全的转基因安全评价制度。在审批环节，申请经初审后，国家农业转基因生物安全委员会进行评审，农业部批准后，公开结果。经过安全评价的作物，还需要品种审定、种子生产许可、种子经营许可等一系列流程。

问：我国转基因管理相关信息透明度如何？

答：我国转基因管理和审批的政府信息是公开透明的，农业部官方网站专

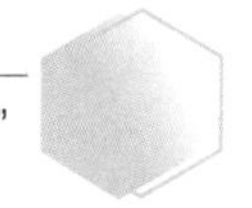

门增设“转基因权威关注”，主动公开信息，方便民众了解最权威、最新的信息。去年，还办理了400多个政府信息公开的申请。

问：转基因标识与安全性有关系吗？

答：标识是为了满足公众消费的知情权和选择权，与安全性无关。通过安全评价获得安全证书的转基因产品是安全的。

问：近期国内两个转基因水稻安全证书到期。大家都关心这个“到期”意味着什么？续申请进展如何？

答：农业部已收到华中农业大学关于两个转基因水稻安全证书的续申请，目前正在评审过程中。中国的安全证书期限5年，按照规定，在安全期内，如果这个转基因生物没有发现存在新的安全问题，就可以续发安全证书。目前其他国家基本没有对安全证书设定有效期限，像美国不规定期限，但发现有安全问题就收回证书。

问：走完续申请程序要多久？

答：要经过转基因生物安委会评审、农业部批准，同其他递交到农业部的转基因技术研发、进口申请程序是一样的。

问：哪些因素会影响转基因品种的推广评估？

答：颁发安全证书、农民欢迎是推广的前提，其次还要看生产需求、生产性能是否符合品种审定的标准，对经济、国际贸易等的影响，社会接受程度，还有对环境影响以及知识产权状况评估。

问：有专家解读，这两年农业部对转基因项目的审批放缓，意味着我国的态度更趋保守？

答：那是猜测，这两年确实在审批上把握了节奏，2012年、2013年各批一次，但审批工作是依法审批的，我们的市场是开放的，进口转基因生物及其产品的审批并未停止。当然在审批时会考虑经济社会影响，也要考虑公众对转基因产品的接受程度等诸多方面。只是更慎重了，没有刻意放缓。

问：去年有61名院士联名上书中央，呼吁尽快推动转基因主粮商业化应用。媒体报道张启发院士还说过：“转基因水稻产业化的决策不应依靠民意，而应按照法规和程序走，农业部作为主管部门不敢拍板是不作为，导致转基因水稻产业化错失良机，再等待拖延将误国。”这问题怎么看？

答：科学家更多从科学角度出发考虑问题。比如要推广产业化，要首先做好产业化的前期准备工作。首先这个品种的生产性能要非常好，比传统品种要有明显的竞争优势。为了保持贸易的连续性，产业化前首先要申请主要贸易国的安全证书，这个流程一般需要3～5年时间，还有产业化后标识如何管理？品种审定、种子生产、产品收购、储运如何进行？市场接受程度如何？经过这些综合评估后，才能推进产业化。

问：那这些工作由谁来推动比较合适?

答：国外由跨国公司自己完成，但国内这个问题比较复杂。我们的研究工作主要在教学科研单位，存在脱节问题，在产业化前必须设计好，要先解决这个问题，为产业化铺平道路。这主要应由研发单位通过市场机制加以解决。

“反科学思潮”辨析

黄大昉

［2013－08－30《光明日报》，作者：原中国农业科学院生物技术研究所研究员］

即便有少数专家不赞同转基因技术，也属于正常现象，只要积极、理性的学术争论，都会有利于生物技术的进步和完善。生物学家、环保学家、科学哲学家、经济社会学家应该积极交流，使科学技术永不脱离健康发展的轨道。

古往今来，一切科学技术的发展道路都不平坦，除了无尽的求索、艰辛的实践、理性的学术争论和广泛的科学传播之外，也不乏对科学理念的坚守和对反科学思潮的批判。

现代反科学思潮溯源

20世纪中叶开始的新技术革命对于人类文明、经济发展和社会进步发挥了巨大的推动作用，然而，对科学技术的谬用、误用及经济无节制的发展也对社会产生了诸多负面影响。西方科技与经济发展较早，对科学与社会关系问题的关注尤为强烈，由此促进了科学哲学领域的开拓和交叉学科——科学技术社会学（STS）的兴起。之后，欧美国家曾有一批学者认为现代社会中的许多问题，如战争动乱、精神危机、自然灾害、环境污染等，都是科学惹的祸；科学已沦为“与政治共谋的权利、依靠金钱运转的游戏、听命于财团的工具和破坏自然的元凶”。其中，最为极端的反科学观点发源于欧洲的爱丁堡学派，称作科学知识社会学（SSK，sociology of science and knowledge）。他们全盘否定科学发展内在的客观性和合理性，认为是各种社会因素，尤其是社会利益决定了科学知识的产生过程，把利益看作科学家从事研究活动的自然动因和各方争论的内在理由（即所谓“社会建构论”和“利益驱动论”）；他们渲染科学发展的“恐怖”，声称现代科学是西方帝国主义统治东方阴谋的延续（即所谓“阴谋论”），主张清除“后殖民主义”；他们鼓吹以“生态主义”抵制所谓科学的

“工具主义”，主张人类应回归原始的自然状态；他们反对核能利用、反对转基因，甚至反对一切工业文明。针对这类反科学思潮，许多自然科学家，包括后来不少科学哲学学者都予以有力反击，从而在20世纪90年代触发了一场反对科学和捍卫科学的“科学大战”。捍卫科学的学者认为科学知识的基本特点不容诋毁，即客观性、普遍性和构造性。客观性，就是可检验性，可重复性；普遍性，就是非地方性，无国界性；构造性，指的是科学知识具有逻辑性、精确性。他们认为科学技术是中性的，本身无所谓好与坏，关键在于是否正确加以利用。他们支持研究科学与社会的相互作用，但强调在摒弃技术万能的“唯科学主义”、克服科学发展过程中某些弊端的同时，决不能否定科学发展的必要性，如果任凭反科学思潮自由泛滥则将给人类社会发展与进步带来灾难性后果。

环顾世界，重视和推进科学发展仍是当今许多国家思想观念的主流与政策制定的依据。然而，“科学大战”的硝烟并未散尽，出人意料的是西方反科学思潮十余年后竟在东方死灰复燃，近年我国社会上围绕转基因技术问题出现的种种乱象便是其中一个典型事例。

转基因之争与反科学思潮

转基因作物问世已近30年，实现规模化生产应用也已长达17年。由于实施了规范的管理和科学的评价，全球转基因作物种类、种植面积仍在迅速扩大；每年亿万公顷土地种植转基因作物，数亿吨转基因产品在国际市场上流通，数十亿人群食用转基因食品，迄今并未发生确有科学证据的食用安全和环境安全事件。实践证明：转基因安全风险完全可以预防和控制；经过科学评估、依法审批的转基因作物与非转基因作物一样安全；转基因生物育种促进农业增产增收、改善生态环境等效益已充分显现，其广泛应用已是科学发展的必然。但是，对此科学文明的重大成果，近年却在粮食安全形势依然严峻、亟须创新驱动的中国备受非议和攻击。应当指出，目前从事生物科学研究的专业人士因对相关知识和技术比较熟悉或了解，绝大多数都拥赞转基因技术发展。其他学科，如环境科学、社会科学界一些专家对转基因安全风险存有疑虑，但其中很多人也声明并非反对技术进步，只是希望加强评价和监管。即便有少数专家不赞同转基因技术，也属于正常现象，只要是积极、理性的学术争论，也会有利于生物技术的进步和完善。然而，值得重视的是，时至今日，国内仍见少数人罔顾事实，不断炒作那些早已被国外权威学术机构否定、毫无科学依据的所谓“转基因安全事件”，以误导社会舆论和搅乱公众思想；曾作为西方反科

学思潮根基的“技术恐怖论”、“阴谋论”、“利益驱动论”等至今仍四处翻版，谬种流传。特别需要高度警惕的是：社会上极少数人对生物科学一无所知却以反对转基因为借口，肆意制造和散布妖魔化转基因的各种离奇荒诞的谣言，竭力煽动公众的不满情绪，唯恐天下不乱。因此，目前在转基因问题上人们所见种种乱象从本质上讲已非不同学术观点之争，而是反科学思潮的真实反映；发生在我国经济和社会转型时期的这股反科学思潮具有更大的危害性。

实施创新驱动战略必须批判反科学思潮

今日世界正处在新一轮科技革命的前夜，围绕高新技术的竞争愈发激烈。我国党和政府号召进一步实施创新驱动战略，加快转变经济发展方式，建设现代化强国，实现民族伟大复兴的中国梦。因此，弘扬科学精神与科学文化，肃清反科学思潮的流毒，加快科技创新仍应作为科技界和全社会的重要任务。

在生物技术领域，一些发达国家已将转基因技术作为核心竞争力，而且一直倚仗其技术和经济优势在全球扩展市场和谋取霸权。与其说这是“阴谋”，不如称之为“阳谋”。面对严峻挑战，我们要做的不是放弃或抵制转基因技术的发展，而只能加强研发，加快推进，抢占科技制高点，争取发展主动权。反之，如果听任反科学思潮泛滥，我国积多年努力形成的研发优势将会得而复失，结果必然痛失发展机遇而延误农业发展方式转变的进程。

我国现代科学的发展历史较短，不像西方发达国家那样经历过科学的启蒙和科学革命的洗礼。在转基因问题上反科学思潮所以能在当今中国得逞一时，重要原因之一也在于科学普及与宣传工作未及时跟上，公众对现代科技缺乏了解。因此，加强科学传播，提高全民族科学文化素质，提高对反科学思潮的免疫力就显得尤为重要。

现代科学的发展离不开科学与社会关系的研究，离不开不同学科之间的合作。为了推动包括转基因在内的各类高新技术的发展，生物学家、环保学家、科学哲学家、经济社会学家应该积极交流，深入探讨如何结合我国国情实现科学与社会的良性互动，使科学技术永不脱离健康发展的轨道。

转基因食品安全及管理

彭于发　等

［2012年4月21日　中国网络电视台采访了农业部科技教育司巡视员石燕泉、中国疾病预防控制中心研究员杨晓光、原中国农业科学院生物技术研究所研究员黄大昉和中国农业科学院植物保护研究所研究员彭于发］

石燕泉：转基因食品是安全的。我们国家批准的转基因产品有两种情况：一种是我国批准用于商业化生产的转基因食用农作物，到目前为止我们已经先后批准了抗病毒的甜椒、耐储藏的番茄、抗病毒的番木瓜三种。2009年我们也批准了转基因抗虫水稻和转植酸酶玉米的安全证书，目前我们国家生产种植，市面上能看到的是抗病毒的番木瓜，甜椒和番茄由于市场的发展，需求的变化，不再生产，市场上也见不着，转基因水稻和转植酸酶玉米需要经过品种的审定，需要通过生产许可和经营许可，才能进行商业化生产。目前，转基因抗虫水稻和转植酸酶玉米没有商业化生产。

另外一种情况是我们国家用于进口加工原料的转基因农产品，包括大豆、玉米、油菜，他们都会进入到生产环节，最多的就是转基因大豆，进口量2011年是5 000多万吨，油菜籽、大豆进口以后主要是以加工为主，用做食用油，目前我们国家共发放5个转基因大豆品种和13个转基因玉米品种进口安全证书，批准应用及进口的转基因生物都是经过严格的环境安全和食用安全方面的评价。安全评价表明这些获准应用和进口的转基因生物和非转基因生物都具有同样的安全性，大家可以放心食用。

杨晓光：不能简单地说转基因安全不安全。转基因是大家关注的重点，不能简单地说转基因安全不安全，转基因是个技术，本身是中性的，要看这种技术的应用是好是坏，要看转的是什么基因，转的是什么特性，是什么样的操作，之所以人们提出很多对食品安全关心的问题，那是对健康的关心，是可以理解的。因为我们认为转基因可能会产生不良的作用，所以各个国家，包括国际组织对转基因食品安全评价都非常重视，谈到食品安全就不得不谈一下国际食品法典委员会，这是由联合国粮农组织和世界卫生组织在1961年共同组建的政府间的国际机构。这个组织的主要任务是制定食品安全标准。国际食品法

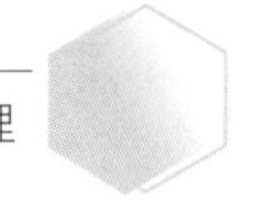

典委员会在食品安全、食品标准方面有很高的权威性。

国际食品法典委员会（CAC）于 2003 年通过了有关转基因植物安全检测的标准性文件 CAC/GL 45—2003《重组 DNA 植物及其食品安全性评价指南》。目前，国际上都是遵循该指南对转基因食品进行食用安全的评价，该指南已经成为国际标准。依据该指南，国际上对转基因植物的食用安全性评价主要从营养学评价、新表达物质毒理学评价、致敏性评价等方面进行评估。从转基因食品的研制到被批准上市要经过相当长的时间观察，一旦发现有安全隐患，将立即中止其研制和生产。许多国家都有专门的部门负责转基因食品的安全评价，都有一整套评价转基因食品安全性的程序和方法。各国的程序和方法虽然有所不同，但总的评价原则是全世界共同认可的，包括比较性原则、个案分析原则等。因此，转基因食品在走进市场前是进行过严格的安全评价的，比以往任何一种食品的安全评价都要全面和严格，包括环境安全评价、毒性安全评价、致敏性安全评价等。到目前为止，未发现已批准上市的转基因食品对人体健康有任何不良的影响。应该说我们能购买到的转基因食品应该是安全的，可以放心食用。

毒性基因的提法不够科学，如把抗虫蛋白称作毒性蛋白就容易产生误解，毒性是有针对性的，抗虫蛋白对一些昆虫来说是毒性蛋白，但对哺乳类动物来说就没有任何毒性作用。对任何可能对人体产生毒性或不良作用的基因，是不能作为目标基因用于转基因食品的。

关于抗生素标记基因可能使人和动物产生抗药性的问题，实际上是基因的水平转移，目前没有发现因转基因食品而产生的抗生素标记基因的水平转移和任何人和动物产生抗药性的问题。随着现代分子生物学技术的进步，已经可以去除抗生素标记基因，从根本上避免抗生素标记基因可能使人和动物产生抗药性的问题。

黄大昉：发展转基因技术已进入战略机遇期。对于“转基因食品安全性”需要有一个科学的、准确的表述。第一，20 多年国内外实践证明，经过科学评估、依法审批的转基因作物（包括转基因食品）是安全的，人们当初担心的某些风险问题已经澄清并得到了有效的控制。第二，转基因技术仍处在发展过程之中，对其今后可能出现的风险仍要继续研究和预防。其实，任何新兴技术都存在一定的风险，都不能说要经过“长期考察”证明没有任何风险（所谓“零风险”）才去发展，而只能在发展的过程中不断考察、不断研究，以规避风险，使其日臻完善。我觉得，这才符合科学发展观的要求吧。

至于为什么我国要发展转基因，以及这一技术推动农业发展有何意义，其他领导和专家前面已经讲了，我想也可以概括为两点：第一，中国国情决定。

我国农业生产面临人口增加、资源短缺、环境恶化、气候异常等越来越大的压力，要持续增强农产品（12.47，0.47，3.92%）供给保障能力，确保粮食95%的自给率；要增加农民收入，不断提高14.5亿人民的生活水平；要让农田生态环境得到根本改善，只能加快发展生物技术，并实现转基因技术同常规技术的紧密结合。第二，应对机遇和挑战。从全球范围看，转基因技术的发展已进入战略机遇期，谁抓住机遇谁就能抢占技术至高点和市场发展先机，谁抓不住就会落后于人，受控于人。我国近年农产品已面对越来越大的国际市场竞争压力，更增强了我们发展生物技术的紧迫感。总之，我认为对于转基因技术发展问题的判断首先应科学和理性，要把握我国仍是发展中国家和农业大国这一基本国情，要顾及农业的可持续发展和包括广大农民在内的公众的利益与诉求，要从国际政治经济与科技竞争的大背景下审视和权衡，要从国家粮食安全和科技创新的高度，围绕转变经济发展方式这一基本方针统一认识和协调。

彭于发：转基因技术不可阻挡。转基因技术在农业上的应用是全球大趋势，是不可阻挡的。根据"国际农业生物技术应用服务组织"（ISAAA）的报告（《2011年全球生物技术/转基因作物商业化发展态势》），1996年转基因作物的种植面积为170万公顷，2011年已达到1.6亿公顷，增长94倍，这一增长使得转基因技术成为现代农业史上应用最为迅速的作物技术。第一代转基因作物由于具有抗虫、抗除草剂等特性，大大降低了粮食生产的成本和劳动强度，所以深受农民喜爱，菲律宾于2002年引进转基因玉米，当时种植面积120公顷，到了2008年种植面积达到40万公顷。而巴西在2008年理顺关于转基因审批的法律关系之后，2010/2011年度的转基因玉米种植面积比2009/2010年上升了50%。

在国际上，乳酸菌、酵母菌等微生物来源的凝乳酶、酸奶、奶酪、面包等转基因食品超过5 000种；大豆、玉米、油菜、番茄、番木瓜等植物来源的色拉油、饼干、薯片、蛋糕、番茄酱、木瓜等超过3 000种。欧洲即将上市转基因马铃薯。可以说，过去10多年，全世界几十亿人多多少少直接间接都接触过转基因食品。我国主要种植和商业化应用的是转基因抗虫棉和抗病毒的番木瓜。曾经也有少量的番茄。2009年，抗虫水稻和植酸酶玉米获得了安全证书，但是产业化的应用可能还需要一段时间。最近，抗虫和耐除草剂玉米的研究进展比较快。

这个成果主要也是两方面：一是真正已经大规模应用的，首先在1997年大规模应用转基因抗虫棉花，1994—1996年棉铃虫大规模爆发，当时国务院总理亲自牵头组织全国有关部门和科学家、技术人员来针对棉铃虫进行有效地控制。那时候如果不加以有效控制的话，我们中国的农民今后都不愿意种植棉

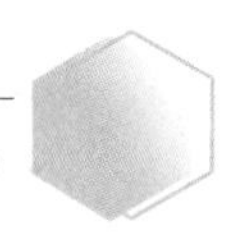

花了，因为棉铃虫会导致棉花大规模减产，乃至绝产。

1997 年商业化运行种植转基因棉花以后，棉铃虫在全国得到有效控制，至今棉铃虫在棉花生产上够不成威胁，基本可以不用或少用化学农药就可以得到有效控制，这是十几年前不可想象的一个重大变化。

国际上有转基因的番木瓜，我们国家也有转基因的番木瓜，可以说我们国家是继美国之后又一个自己能自主研发转基因番木瓜的一个国家，它的性状主要是番木瓜上有一种黄斑病毒，这种病毒一旦发生以后就能够导致整个果园毁灭，后来通过转基因技术，有效控制黄斑病毒，我们国家也开始种植转基因的番木瓜。

另外，还有转基因抗虫水稻、转植酸酶的玉米，最近取得进展的有抗虫的转基因玉米、耐寒的转基因玉米和小麦等。

我国有哪些转基因作物

王志兴　吴　刚

[转基因食品一直备受关注，网上流传的“转基因食品名单”靠不靠谱？一些所谓“鉴别转基因作物方法”正确吗？国家正式批准生产或进口的转基因作物有哪些？就这些问题，《人民日报》“求证”栏目记者采访了中国农业科学院植保所谢家建副研究员、中国农业科学院生物所王志兴研究员和中国农业科学院油料所吴刚副研究员。]

我国转基因作物有哪些？

【回应】已批准安全证书的有棉花、水稻、玉米和番木瓜；只有棉花、番木瓜批准商业化种植

“截至目前，我国批准了转基因生产应用安全证书并在有效期内的作物有棉花、水稻、玉米和番木瓜。”中国农业科学院植保所副研究员谢家建介绍，证书的发放是根据研发人的申请和农业转基因生物安全委员会的评审，经部级联席会议讨论通过后批准的。证书的批准信息已经在农业部相关网站上公布（http：//www. moa. gov. cn/ztzl/zjyqwgz/），各批次的批准情况都可以查询。

取得了转基因生产应用安全证书，并不能马上进行商业化种植。谢家建介绍，按照《中华人民共和国种子法》的要求，转基因作物还需要取得品种审定证书、生产许可证和经营许可证，才能进入商业化种植。

根据《主要农作物品种审定办法》，申请品种审定证书应当具备下列条件：人工选育或发现并经过改良；与现有品种有明显区别；遗传性状稳定；形态特征和生物学特性一致；具有符合《农业植物品种命名规定》的名称。生产许可证审批、经营许可证审批都需经企业注册所在地省级农业行政主管部门提出审查意见。

“目前，转基因水稻和转基因玉米尚未完成种子法规定的审批，没有商业化种植。”谢家建表示，“我国已经进行商业化种植的转基因作物只有棉花和番木瓜。”

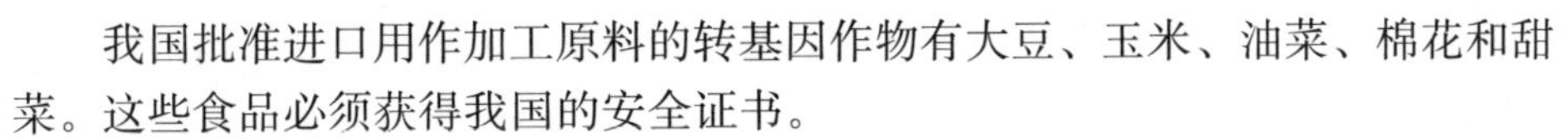

我国批准进口用作加工原料的转基因作物有大豆、玉米、油菜、棉花和甜菜。这些食品必须获得我国的安全证书。

据了解，我国制定了《农业转基因生物进口安全管理办法》、《农业转基因生物加工审批办法》、《进出境转基因产品检验检疫管理办法》和《农业转基因生物标识管理办法》等，规定县级以上地方政府农业部门负责转基因生物标识的监督管理，国家质检总局负责进口农业转基因生物在口岸的标识检查验证。据介绍，这些管理制度得到了较好的贯彻落实，标识做到了应标尽标。

与传统食品不同就是转基因?

【回应】目前市售圣女果、彩椒、小南瓜、小黄瓜都不是转基因食品

网上流传一份转基因食品名单，包括“圣女果、大个儿彩椒、小南瓜、小黄瓜”。对此专家并不认同。

中国农业科学院生物所研究员王志兴说，小番茄也叫圣女果、樱桃番茄，是自古就有的番茄品种，只是因为个头小、采摘不便、产量低，最早仅作为观赏用，后来发现食用方便，口味经过改良后逐渐流行。个头小是天生的基因差异，不是转基因的结果。

中国农业科学院油料所副研究员吴刚表示，圣女果更接近人工驯化前的野生状态，其实野生的板栗、核桃、苹果等也都远小于常规栽培品种。人类驯化野生植物一般是为了提高产量，主要做法是增大果实，但随着人们对食品要求的多样化，出现了很多小型化的瓜果蔬菜，如早春红玉西瓜等。这些小型化品种都来源于带着祖先原始基因的种质资源，与转基因无关。

吴刚说，小南瓜和小黄瓜也不是转基因食品。

关于大个儿彩椒，吴刚表示，大个儿彩椒含有不同类型的花青素，表现为更丰富的颜色。花青素的变异在植物中很常见，像鲜花同一个品种就有不同颜色，萝卜也有红萝卜、绿萝卜、白萝卜等。“我国曾经批准过抗病毒甜椒的商业化种植，但与常规甜椒相比，转基因甜椒并没有明显优势，因此被市场自然淘汰。”

吴刚说，在有些品种中，突变产生的颜色甚至取代了野生的颜色，成为栽培品种的主流，如原始的胡萝卜以紫色居多，现在最常见的橙色胡萝卜是荷兰育种家根据荷兰国旗颜色选育出的。因此，目前市场上在售的果蔬，其颜色跟转基因没有什么关系。

王志兴解释，棉花、辣椒、玉米、水稻等有不同颜色，是天然存在的遗传基因差异，并非转基因的结果。比如彩色棉花从古就有，但由于彩色棉花纤维短、强度差，过去很少种植，而现在因为不染色吸引了部分消费者，农民就开

始种植了。彩色辣椒也是天然存在的，只是过去未大面积种植，普通消费者很少见到。

吴刚表示，以上这些瓜果蔬菜都是常规育种手段非常容易做到的，用转基因反而是不经济的做法。“常规育种主要通过选育获得具有新性状的新品种。这里面很重要的一个工作就是‘选’。自然发生的基因变异，往往也是随机发生的。”吴刚解释说，“无论大小、颜色，在自然界的自然突变体中，都可以找到。育种家做的工作仅仅是将这些突变体找到，并和其他好的性状聚合到一起，成为品种。”

吴刚介绍，番茄、甜椒、南瓜、黄瓜在国内外都曾有转基因研究并获得转基因植株，其中仅有番茄与甜椒获得过世界范围内商业化种植的批准。商业化种植过转基因番茄的国家有美国（6 种）、墨西哥（3 种）、日本（1 种）、中国（1 种，“华番一号”）等。

吴刚解释，早期没有延熟番茄，转基因的延熟番茄储藏期长是个优势。但随着科技的发展，育种家们获得了非转基因的延熟番茄，转基因番茄在储藏方面的优势不再，产量低就成为很大一个问题，又因皮厚口感差，直接被市场淘汰。

“自从 1998 年以来，全世界已经没有新的转基因番茄获准商品化种植。在我国，转基因番茄已经退出市场。”吴刚说。

认为转基因不安全均被证明是错的

胡瑞法

[北京理工大学管理与经济学教授、“转基因生物安全研究课题组”组长胡瑞法，发表了“转基因农作物生物安全：科学研究进展与网络观点溯源”的研究报告。这是学术界首次从文献检索和数据分析角度对转基因话题做公开研究报告。]

据了解，该课题检索了美国《科学引文索引》论文（SCI）中有关转基因农作物的全部9333篇论文，对所有得出“不安全”、“有风险”结论的论文进行追踪，并对其后续研究进行分析。

研究表明，绝大多数研究成果表明转基因技术是安全的。同时，有关转基因生物安全研究可以发现一个非常有趣的现象，即过一段时间总会出现一篇发现转基因产品出现问题的论文，然而这些论文一出现便很快引起强烈关注，均很快便被否定。对全部9333篇论文进行的分析和追踪表明，所有得出转基因食品不安全结论的论文，最后均被证明是错误的。

国家“973”计划“农业转基因生物安全风险评价与控制基础研究”项目首席科学家彭于发评价这项研究“很有新意和说服力”。

胡瑞法回顾说，中国曾是国际上最早种植转基因作物的国家，也曾是转基因作物种植面积位居世界前列的国家。但这一地位在2004年被巴西超越，2006年被印度超越，及至2013年中国转基因作物种植面积仅不到印度的37%。

与此同时，全球转基因作物种植面积总数快速增长，1996—2011年期间年均增长29.3%，其中发展中国家年增47.9%。“历史上没有任何一种新技术如此快速增长。”胡瑞法说。

胡瑞法表示，国内关于转基因作物安全性问题的一些无谓争论，已经严重误导了公众对于这一问题的认知。有调查表明，2003年我国消费者认为转基因食品不安全的仅占约17%，到2012年这一比例急剧上升到约46%；同时，认为转基因食品安全的人数则由约35%急剧下降到约13%。同一调查表明，2003年我国消费者表示接受转基因食品的人数约占60%，到2012

年急剧下降到约24%；同时，表示抵制转基因食品的人数则从约9%急剧上升到约42%。

胡瑞法表示，中国政府生物技术研发投资仅次于美国，在国际上占第二位。如果我们在推广确认安全的转基因作物生产上迟疑不决，不但会让我们在国际竞争中错失先机，也是对庞大的公共研发资金的极大浪费。

转基因食品能不能放心吃

杨晓光　刘培磊　等

［2013 年 7 月 9 日人民网科技频道举办“再论转基因”在线访谈。邀请中国疾病预防控制中心杨晓光研究员，中国农业科学院生物技术研究所王志兴研究员，农业部科技发展中心基因安全管理处刘培磊副处长］

对于转基因食品，有很多人“闻之色变”，农业部日前宣布批准发放三个可进口用作加工原料的转基因大豆安全证书，更是引发了关于转基因农作物是否有害的新一轮热烈争论，甚至国产的小番茄、小黄瓜和小南瓜都被打上了怀疑的标签，受到了牵连。那么，转基因食品到底有哪些？转基因食品是否有危害？网上流传的鉴别转基因食物的方法又是否是真的？

1. 什么是转基因食品？转基因食品有毒的观点从何而生？

杨晓光：转基因食品是指以转基因生物及其直接加工品为原料制作加工而成或鲜食的食品，按原料的来源可分为植物源转基因食品、动物源转基因食品和微生物源转基因食品。例如，用转基因大豆制成的大豆油，鲜食的转基因番木瓜，以及利用转基因微生物所生产的奶酪等都是转基因食品。

转基因食品有毒的说法最早来源于 Bt 蛋白可以杀死鳞翅目害虫，要么就想当然的猜测它肯定对人有毒，就是大家可能听说的“虫子吃了都死，人吃了不死吗?”疑问。Bt 蛋白发现已经有近百年的历史，大规模种植和应用转 Bt 基因玉米、转 Bt 基因棉花等作物已超过 15 年。作为专用的生物农药使用也有 70 多年历史了，它为什么作为生物农药呢？所问毒蛋白，准确地说应该叫杀虫蛋白，不是对所有生物都是毒蛋白。Bt 蛋白是一种高度专一的杀虫蛋白，只能与鳞翅目害虫肠道上皮细胞的特异性受体结合，引起害虫肠麻痹，造成害虫死亡。只有鳞翅目害虫的肠道上含有这种蛋白的结合位点，而人类肠道细胞没有该蛋白的结合位点，因此不会对人体造成伤害。至今没有苏云金芽孢杆菌及其蛋白引起过敏反应的报告，也没有与生产含有苏云金芽孢杆菌的产品有关的过敏反应的记录。

2. 网上流传一份“转基因食品鉴别手册”，里面提到圣女果、大个儿的彩椒、小黄瓜、太阳瓜（小南瓜）等，都是隐藏在生活中的转基因食品，这些食

品是否都是转基因食品？目前国内市场在售的转基因食品有哪些？

王志兴：小番茄又称圣女果，原名“樱桃番茄”，目前全国各地市场上的圣女果、大个彩椒、小黄瓜等都是非转基因的常规品种，称其为转基因食品的说法都是谣传，不能用大小来判断是不是转基因品种。

目前我国市场上的转基因食品，从原料来源看，进口的主要有大豆、油菜籽和玉米及相关产品，国内生产的有棉籽油和番木瓜。为了满足消费者的知情权和选择权，我国实施与国外相比较为严格的转基因标识制度。对于列入转基因标识目录并在市场上销售的转基因生物均需要标识，市场上的转基因食品如大豆油、油菜籽油及含有转基因成分的调和油均已标识。

3. 与国内相比，欧美国家对于转基因食品的态度如何？

王志兴：美国是转基因技术研发的大国，也是转基因食品生产和应用的大国。美国转基因大豆、玉米和棉花平均种植比例占该作物种植比例为90%以上。据不完全统计，美国国内生产和销售的转基因大豆、玉米、油菜、番茄和番木瓜等植物来源的转基因食品超过3 000个种类和品牌，加上凝乳酶等转基因微生物来源的食品，美国市场销售的含转基因成分的食品则超过5 000种。许多品牌的色拉油、面包、饼干、薯片、蛋糕、巧克力、番茄酱、鲜食番木瓜、酸奶、奶酪等或多或少都含有转基因成分。美国对转基因食品没有强制性标识要求。2012年美国加州关于对转基因食品进行标识举行全民公投，结果53%的公民反对标识。可以说，美国是吃转基因食品种类最多、时间最长的国家，美国公民对转基因食品习以为常了。

欧盟1998年，批准了转基因玉米在欧洲种植和上市，获得授权的转基因玉米就有23种、油菜3种、马铃薯1种、大豆3种、甜菜1种。除了极少部分用于饲料或工业用途外，绝大部分都是用于食品。2012年欧盟有西班牙、葡萄牙、捷克、罗马尼亚和斯洛伐克5个国家允许种植转基因玉米。欧盟对转基因食品采取较谨慎的态度，在标识上选择了较为严格的强制标识，设定标识阈值，规定食品中某一成分的转基因含量达到该成分的0.9%时须标识，但在市场上很难看到有转基因标识的食品。

4. 转基因食品对人体有不可预测的风险，这种危险可能要几十年后才能看出来！谁能保证以后不出事？不能保证绝对安全，就是拿人体当小白鼠来实验。

杨晓光：“几十年后才能看出风险的疑问”可以说是一个无法解答的问题，因为所有技术的安全性都是基于当前的科学发展水平和认知水平。例如手机、电脑等新技术都没有回答几十年后他们可能造成的影响。转基因食品是有史以来评价最透彻、管理最严格的食品。食用转基因食品的人数数以十亿计，转基因食品并没有显示对人类健康有新风险。目前世界卫生组织推荐通过急性毒性试验、30天喂养试验、90天喂养试验等国际公认的方法验证转基因食品的安全性。一些科学家也尝试通过建立新的动物模型考察转基因食品的多代安全性，但相关研究没有进展也未达成共识。应当指出的是，转基因食品在体内能够降解，不会累积。可以说，转基因食品的安全性是可以评估的，当前获得安全证书的转基因产品是安全的。

5. 今年6月，英国环境、食品和农业事务大臣欧文·帕特森发表演讲，反思欧盟的转基因政策并力挺转基因技术。演讲指出，"欧盟耗资2.6亿英镑对超过50个转基因安全项目进行风险评估，并在2000年和2010年的欧盟委员会报告中得出两个有力的结论：1. 没有科学证据表明转基因作物会对环境和食品及饲料安全造成比传统作物更高的风险；2. 由于采用了更精确的技术和受到更严格的监管，转基因作物甚至可能比传统作物和食品更加安全。"这一观点是否有足够可信度来说明问题？您怎么看？

杨晓光：这一观点的可信度很高，也与我的看法高度一致。欧盟国家对转基因生物的态度一直非常谨慎，对转基因的管理也十分严格。欧盟耗资2.6亿英镑对超过50个转基因安全项目进行风险评估得出的结论是非常客观、科学的。

从转基因技术诞生之初，围绕转基因技术的争论就从未停止过。特别是转基因产品的食用安全方面争论最多，谣言不断，但是经过科学证实后都被推翻。转基因食品的安全性问题受到有关国际组织、各国政府及消费者的高度关注。国际食品安全标准主要由国际食品法典委员会（CAC）制定。这是联合国粮食及农业组织（FAO）和世界卫生组织（WHO）共同成立的，是政府间协调各成员国食品法规标准和方法并制定国际食品法典的唯一的国际机构。其所制定的食品标准被世界贸易组织（WTO）规定为国际贸易争端裁决的依据。国际食品法典委员会（CAC）于2003年起先后通过了4个有关转基因生物食用安全性评价的标准。依据国际标准，目前国际上对转基因生物的食用安全性评价主要从营养学评价、新表达物质毒理学评价、致敏性评价等方面进行评估。各国安全评价的程序和方法虽然有所不同，但总的评价原则都是按照国际食品法典委员会的标准制定的，包括科学原则、比较分析原则、个案分析原则等。转基因食品入市前都要通过严格的安全评价和审批程序，比以往任何一种食品的安全评价都要严格。

6. 盘点一下，在世界各国都发生过所谓的"转基因安全事件"，其中1994年巴西坚果与转基因大豆事件、1999年美国大斑蝶事件、2001年墨西哥玉米事件、2009年法国孟山都转基因玉米事件、2012年法国转基因玉米致癌事件

等，大多数都是源于科学家通过实验室实验结果并形成发表科研论文而提出的观点，而随后相关部门在进行最终评估时又指出类似的实验室实验存在不全面性，从而否定这些论文的观点。那么，如何来断定这些科研观点以及所发表的论文是否有权威性？国际上有没有相关的权威评估机构？

杨晓光：首先我们来看一下你提到的这几个事件：巴西坚果与转基因大豆事件：1994 年 1 月，美国先锋（Pioneer）种子公司的科研人员发表在《细胞生物化学杂志》上的文章表明，将巴西坚果中编码 2S albumin 蛋白的基因转入大豆中后含硫氨基酸提高了。但研究人员对转入编码蛋白质 2S albumin 的基因的大豆进行了测试之后，发现对巴西坚果过敏的人同样会对这种大豆过敏，蛋白质 2S albumin 正是巴西坚果中的主要过敏原。因此，先锋种子公司立即终止了这项研究计划，这充分说明转基因植物的安全管理和生物技术育种技术体系具有自我检查和自我调控的能力，能有效地防止转基因食品成为过敏原，这也是我们为什么要对转基因生物立法并进行安全评价。巴西坚果是人类天然的食物，它本身就含有这种过敏原，天然食物也并非对所有人都是安全的。

大斑蝶事件：1999 年 5 月，康奈尔大学的一个研究组在《Nature》杂志上发表文章，称用带有转基因抗虫玉米花粉的马利筋（一种杂草）叶片饲喂美国大斑蝶，导致 44%的幼虫死亡，由此引发转基因作物环境安全性的争论。美国政府高度重视这一问题，组织相关大学和研究机构在美国 3 个州和加拿大进行专门试验，结果表明，康奈尔大学研究组的试验结果不能反映田间实际情况，缺乏说服力。主要理由：一是玉米花粉相对较大，扩散不远，在玉米地以外 5 米，每平方厘米马利筋叶片上只找到一粒玉米花粉，远低于康奈尔大学研究组的试验花粉用量；二是田间试验证明，抗虫玉米花粉对斑蝶并不构成威胁；三是实验室研究中用 10 倍于田间的花粉量来喂大斑蝶的幼虫，也没有发现对其生长发育有影响。

墨西哥玉米基因污染事件：2001 年 11 月，美国加州大学伯克莱分校的两位研究人员在《Nature》杂志上发表文章，称在墨西哥南部地区采集的 6 个玉米地方品种样本中，发现有 CaMV35S 启动子及与转基因抗虫玉米 Bt11 中的 adhl 基因相似的序列。文章发表后受到很多学者的批评，指出其试验方法上有许多错误。一是原作者测出的 CaMV35S 启动子，经复查证明是假阳性；二是原作者测出的 adhl 基因是玉米中本来就存在的 adhl - F 基因，与转入 Bt11 玉米中的外源 adhl－S 基因，两者的基因序列完全不同。事后，《Nature》编辑部发表声明，称“这篇论文证据不充分，不足以证明其结论”。墨西哥小麦玉米改良中心也发表声明指出，经对种质资源库和从田间收集的 152 份材料的检

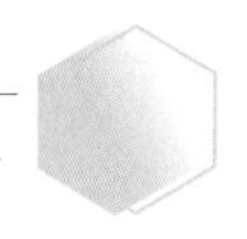

测，均未发现35S启动子。

转基因玉米品种对大鼠肾脏和肝脏毒性事件：2009年，de Vendomois等在《国际生物科学杂志》发表论文，称3种转基因玉米MON 810、MON 863和NK603对哺乳动物大鼠肾脏和肝脏造成不良影响。欧洲食品安全局转基因小组对论文进行了评审，重新进行了统计学分析，认为文中提供的数据不能支持作者关于大鼠肾脏和肝脏毒性的结论，其所提出的有关肾脏和肝脏影响的显著性差异，在欧洲食品安全局转基因生物小组当初对3个转基因玉米的安全性作出判断时，就已经被评估过了，不存在任何新的有不良影响的证据，不需要对这些转基因玉米的安全性重新进行评估。原论文作者的研究并未提供任何新的毒理学效应证据，其所用的方法存在以下缺陷：①所有的结果都是以每个变量的差异百分率表示的，而不是用实际测量的单位表示的。②检测的毒理学参数的计算值与有关的物种间的正常范围不相关。③检测的毒理学参数的计算值没有与用含有不同参考品种的饲料饲喂的实验动物间的变异范围进行比较。④统计学显著性差异在端点变量和剂量上不具有一致性模式。⑤原作者单纯依据统计学分析得出的结论，与器官病理学、组织病理学和组织化学相关的三个动物喂养试验结果没有一致性，而作者在论文中并没提及这一点。

法国转基因玉米致癌事件：2012年《食品与化学毒理学》发表论文，称用转基因玉米NK603进行大鼠两年饲喂研究，引发肿瘤，致癌率大幅度上升。欧洲食品安全局作出最终评估认为，该研究结论缺乏数据支持，相关实验的设计和方法存在严重漏洞，且该研究实验未遵守公认的科研标准，NK603玉米是安全的。

大多数国家也都有专门机构负责转基因食品的食用安全评价，在美国主要是食品和药物管理局（FDA）负责，在欧盟是欧盟食品安全局负责，在中国是农业部负责。

7. 刚才说的是国外的，那么国内也有些流传很广的传言，如2010年9月21日，《国际先驱导报》记者金微报道称，“山西、吉林等地因种植先玉335玉米导致老鼠减少、母猪流产等异常现象”，后又有河南、陕西等地报道。还有2010年2月2日，某网站刊登文章称，“多年食用转基因玉米导致广西大学生男性精子活力下降，影响生育能力”，这些真实情况到底如何？2012年12月11日，顾秀林转帖直言了称，“天然土豆与转基因土豆的区别的特征之一是是否变色”，这是真的吗？

王志兴：关于“先玉335玉米致老鼠减少、母猪流产”事件。经专业实验室检测和与相关省农业行政部门现场核查，山西和吉林等地没有种植转基因玉米，“先玉 335”也不是转基因品种。山西、吉林省有关部门对报道中所称“老鼠减少、母猪流产”的现象进行了核查。据实地考察和农民反映，当地老鼠数量确有减少，这与吉林榆树市和山西晋中市分别连续多年统防统治、剧毒鼠药禁用使老鼠天敌数量增加、农户粮仓水泥地增多使老鼠不易打洞、奥运会期间太原作为备用机场曾做过集中灭鼠等措施直接相关；关于山西“老鼠变小”问题，据调查该地区常见有体形较大的褐家鼠和体形较小的家鼠，是两个不同的鼠种。关于“母猪流产”现象，与当地实际情况严重不符，属虚假报道。《国际先驱导报》的这篇报道被《新京报》评为“2010 年十大科学谣言”。

关于广西大学生精子活力下降事件。2010 年 2 月 2 日，某网站刊登文章称，“多年食用转基因玉米导致广西大学生男性精子活力下降，影响生育能力”。据核实，广西从来没有种植和销售转基因玉米。该文章有意篡改广西医科大学第一附属医院梁季鸿博士关于《广西在校大学生性健康调查报告》的结论，而该报告中根本未提到转基因，但从此有人不断把转基因与生育挂钩。

关于天然土豆与转基因土豆的区别的特征之一是是否变色问题。经核实，全球尚没有任何国家批准转抗多酚氧化酶基因土豆的商业化种植，我国也没有批准任何转基因土豆品种商业化种植。目前，我国生产上用的马铃薯品种有 100 多个，主要是 20 世纪 70 年代到 90 年代育成的常规品种。土豆切丝或削皮后变黑的主要原因是薯块中含有酚类化学物质和多酚氧化酶，切割后发生化学反应，使薯块切面发生变黑。变黑得快慢和程度主要决定于酚类物质的含量、多酚氧化酶的活性，以及是否经过低温冷藏等有关。另外，由于消费者更喜欢不变色的土豆，因此科学家在新品种培育时，也有意选择不易变黑品种做亲本，这也是一条重要原因。

8. 有反对者认为，市面上在售的转基因大豆油大多标识不明显，但非转基因大豆油则都标识十分显眼，这一对比，就说明了转基因食品心虚了。为什么转基因大豆油的标签上转基因的字样很小?

刘培磊：首先我要说明转基因标识与安全性无关，不是说标识了转基因就不安全，转基因产品的安全性在上市前就有定论，即通过了安全评价，获得安全证书的转基因产品都是安全的，标识是为了满足消费者的知情权和选择权。国际上对转基因标识管理主要分为三类：一是全面强制标识，如欧盟等；二是部分强制性标识，如澳大利亚、新西兰、日本、泰国、中国等；三是自愿标识，如美国、加拿大、阿根廷等。国际食品法典委员会历时多年得出结论，除改变了营养成分的转基因产品外，其他产品可以不标识。上市的转基因产品是通过安全评价的，是安全的。全球大规模商业化种植转基因作物已有 17 年，

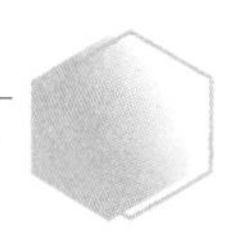

未发生被科学证实的安全问题，充分说明现有的转基因食用安全评价理论、方法和管理体系是可靠的。选择不同的标识制度体现了各国对生物技术发展的战略导向。

我国对转基因标识字号的大小是符合规定的。中华人民共和国国家标准农业部 869 号公告-1-2007《农业转基因生物标签的标识》对转基因生物标签标识的文字规格有明确的规定。根据包装的最大表面积不同，文字规格也有相应要求。只要文字不小于产品标签中其他最小强制性标示的文字就是合格的，强制性标示的文字如生产日期、有效期等。

近年来，各级农业行政主管部门会同工商、消费者协会等单位，以转基因大豆油、菜籽油为重点，对加工厂、超市等重点场所进行重点抽查，连续对标识情况进行执法检查，没有发现应标不标现象。

9. 央视记者调查，只有转基因食用油有明确标识，其他可能含转基因成分商品都无明确标识。从法规而言，这些商品并不在强制明确标识行列。但 11 年前由国务院出台的转基因标识名录一直未更新过，而在这 11 年内市场上的转基因产品已变化巨大。是否存在这一现象？为何一直没有更新过？

刘培磊：2002 年，农业部发布了《农业转基因生物标识管理办法》，制定了首批标识目录，对在中华人民共和国境内销售的大豆、油菜、玉米、棉花、番茄 5 类 17 种转基因产品，进行强制定性标识，其他转基因农产品可自愿标识。首批标识目录发布后，我国批准种植的转基因作物是棉花和番木瓜，进口用作加工原料的有大豆、玉米、棉花、油菜和甜菜 5 种作物，一直未批准新的转基因作物种植或进口。因此，标识目录也未作调整。

10. 这是否也提醒了我们的相关管理部门，转基因食品标识制度需要改进了？

刘培磊：随着转基因技术的发展和转基因产品的增多，标识制度肯定要作相应的调整。我国现行的标识制度，基本适应了我国目前发展阶段的要求。但我们也要与国际接轨。但从长远看，随着我国转基因重大专项的实施和转基因农产品进口数量的增加，将有越来越多的转基因动植物进入商业化。如果继续实行目前的标识制度，不仅工作量大，而且执行成本高。国际上全部采用定量标识或自愿标识，我国的标识制度也应逐步由定性标识过渡到定量标识。

11. 2010 年上海世博会前科技部网站发布的一条关于快速检测的消息，被引申解读为“奥运会、世博会不给外国人吃转基因食品”。虽然此后科技部公开澄清，但很多人仍将信将疑。事实上，上海世博会是否有转基因标识的食品供应？此外，目前的检测技术是否可以识别所有的转基因产品？

刘培磊：有人不仅炒作上海世博会不吃转基因食品，也在炒作奥运会等大型活动不吃转基因食品。我没有发现有这样的规定，退一步说，即便有这样的规定也不违反法规。我国的标识制度就是为了满足消费者的知情权和选择权，任何人都有选择的权利。就像有人喜欢吃面食，有人喜欢吃米饭，但不能因为你不喜欢吃米饭就反对种水稻一样。另外，我国目前的检测技术完全可以对转基因产品进行检测。

国外转基因情况如何

张大兵　彭光芒　谢家建　等

［2013 年 7 月 12 日人民网科技频道举办“再论转基因”在线访谈。邀请上海交通大学张大兵教授、华中农业大学彭光芒教授、中国农业科学院谢家建副研究员等］

1. 国外对于转基因是什么态度?

众说纷纭。有说，国外是禁止食用转基因；也有说，国外没有禁止，但是会标示出来，让民众自主选择；也有说，美国吃的基本上都是转基因。说法比较混乱，几位专家能否从几个层面清晰地梳理一下国外对于转基因的态度?

张大兵：我们所处的世界极其多元复杂，全球民众对待转基因的态度因此十分多样，但那种说“转基因食品国外不吃、美国不吃，专门给中国人吃”的说法是彻彻底底的谎言。具体来说，

一是在市场和消费者层面：国外民众也像中国人一样，一些人对转基因技术本身、安全性评价和管理了解不多，对转基因产品的安全性心存疑虑。由于消费习惯、宗教信仰、伦理文化和经济利益的差异，欧盟比较保守，反对“转基因”的人更多、更强烈；美国比较开放。

但由于目前推广的转基因作物既能节约农药，降低生产成本，又适合机械化生产，因此在美国、巴西、阿根廷等国家和地区受到农场主的欢迎；中国、印度等国的农民也非常欢迎转基因抗虫棉。

二是在标识管理层面：国外对转基因生物的管理因为国家不同而异。主要有三类，差异主要体现在管理理念和管理方法。

第一类，管理宽松型。以美国为例，他们认为转基因生物安全管理应以产品的特性和用途为基础。他们认为转基因技术与常规技术管理没有本质区别，只是将基因工程工作纳入现有法规体系进行管理，在原有法规基础上增加了转基因产品的有关条款。日常管理的主要机构是美国农业部、美国环境保护署和美国食品和药物管理局，它们根据各自的职能对转基因过程及其产品实施安全性管理，三个部门既有分工又有合作。美国对转基因产品实行自愿标识制度，没有设定阈值限制。

第二类，管理严格类型。如：欧盟，他们认为转基因技术本身可能带来新的风险。因此，专门立法对转基因产品实行“从农田到餐桌”的全过程管理。生物安全管理的决策权在欧盟委员会和部长级会议，日常管理有欧洲食品安全局及各成员国政府负责。欧盟对转基因产品实行强制性标识制度，欧盟法规规定其标识阈值为0.9%。即当食品中转基因成分含量低于0.9%时，不需要标识含有转基因成分；当食品中转基因成分含量高于0.9%时，则需要标识。

第三类，管理中间型。介于美国的宽松和欧盟的严格之间。以日本和韩国为例，但对转基因产品的控制并不像欧盟那样严格，实行的是部分强制性标识，标识阈值分别是5%和3%。

2. 国外实际的种植量有多少？

彭光芒：据ISAAA（国际农业生物技术应用服务组织）的统计报告，截至2012年底，全球28个国家的1 730万农户共种植了1亿7千3百万公顷的转基因作物，占全球耕地的10%以上，有59个国家批准饲用、食用或种植。这个面积相当于中国可耕地面积的1.3倍之多，约等于美国的可耕地面积。

排名前10的国家和种植面积分别是：美国6 950万公顷、巴西3 660万公顷、阿根廷2 390万公顷、加拿大1 160万公顷、印度1 080万公顷、中国400万公顷、巴拉圭340万公顷、南非290万公顷、巴基斯坦280万公顷、乌拉圭140万公顷。

2012年，巴西转基因作物种植面积达3 660万公顷，占巴西5 900公顷可耕地面积的61.1%。而可耕地面积仅为3 100万公顷的阿根廷却种植了2 390万公顷转基因作物，占比高达77%。

按联合国粮农组织（FAO）的统计，2009年美国共生产玉米（美国最主要的农作物）33 254.9万吨，其中仅4 849.6万吨（14.6%）用于出口，28 303.0万吨（85%）用于国内消耗，这其中又有25%以上为食用消耗；共生产9 141.7万吨大豆，其中4 051.3万吨用于出口，5 133.8万吨用于国内消费。此外，由转基因油菜生产出来的植物油也直接在美国的商店里出售。

3. 发展中国家情况如何？

谢家建：2012年，发展中国家转基因作物的种植面积占全球的52%，首次超过了发达国家的转基因作物种植面积，占全球的48%。

我们看一看金砖国家，巴西刚才彭老师提到了，种植面积排在全球第二位，成为转基因大豆出口大国。印度2012年种植了1 080万公顷，排在第五。印度2002年引入种植转基因抗虫棉，从2005年起就已由棉花净进口国变成了净出口国。转基因棉比非转基因棉平均增产16%～60%，杀虫剂使用减少了40%以上。2002—2011年，10年间棉农共增收126亿美元。

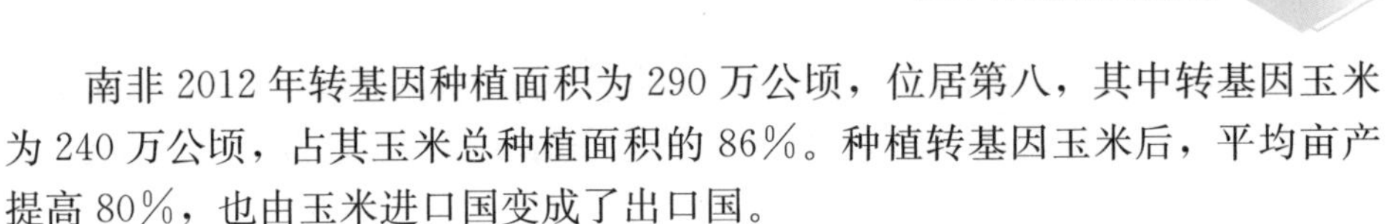

南非 2012 年转基因种植面积为 290 万公顷，位居第八，其中转基因玉米为 240 万公顷，占其玉米总种植面积的 86%。种植转基因玉米后，平均亩产提高 80%，也由玉米进口国变成了出口国。

我们再来看看我们的亚洲邻国。巴基斯坦 2010 年开始种植转基因棉，2012 年达到 280 万公顷，占棉花总面积的 82%。两年间产量提高 26.63%。

缅甸从 2006 年开始种植抗虫棉，2012 年种植面积为 30 万公顷，占其棉花总面积的 84%，棉花总产量较未种植前实现了翻番。

菲律宾从 2003 年开始种植转基因玉米，2012 年种植面积达到 75 万公顷，比 2011 年增长了 16%，占玉米种植面积的约 30%。分析表明：转基因技术的普及应用较显著地提高了菲律宾玉米单产，进而提升了总产，从而削弱了对进口的依赖。转基因技术对菲律宾玉米产业产生了重大的积极影响，是保障粮食安全的重要手段。

4. 国外市场上转基因食品的占有量有多少？

彭光芒：据 ISAAA 报道，2012 年全球 81%的大豆、81%的棉花、35%的玉米、30%的油菜都是转基因的。美国仍是全球转基因作物的领先生产者，种植面积达到 6 950 万公顷，所有转基因作物的采用率约为 90%。加拿大的转基因油菜种植面积达到 840 万公顷，采用率为 97.5%。5 个欧盟国家种植 12.9071 万公顷转基因 Bt 玉米，其中西班牙的 Bt 玉米面积占欧盟总种植面积的 90%。

5. 人民网美西分社记者说，根据美国食品和药物管理局的一份清单显示，以下食物可以被经过转基因工程改造：玉米、大豆、棉花、苜蓿、油菜、甜菜。这些当中的大多数都被用来喂养动物或作为原料用来制作其他食物。关于超市中的水果和蔬菜，美国食品和药物管理局认可经过基因改造工程的李子、哈密瓜、木瓜、南瓜、菊苣、西红柿和土豆，情况是这样吗？

彭光芒：这个详细情况你还是要咨询美国相关部门，因为美国对转基因产品实行自愿标识。美国食品和药物管理局（FDA）规定如果营养成分没有差异，不需在食品标签上标明来自转基因还是非转基因作物；禁止刻意标注‘非转基因食品’，原因是这样的标识会误导消费者。根据 ISAAA 的报道，从食品的原料来源看，美国批准商业化的转基因作物品种有玉米、大豆、油菜、棉花、南瓜、番木瓜、土豆、甜菜、苜蓿等。另外，报道中也提到了李子、甜瓜、木瓜、南瓜、菊苣、西红柿、土豆等转基因作物。

6. 现在国际市场上转基因产品占多大比例？我们选择进口非转基因大豆、玉米能否做到？

谢家建：国际农产品贸易市场上转基因产品所占比例非常大，可以说很难买到非转基因产品，特别是像我们国家每年这么多的进口数量。据国际谷物协会对大豆和玉米的统计，2011、2012 年度，全球大豆贸易量为 9 360 万吨，其中美国、巴西、阿根廷和巴拉圭出口的转基因大豆为 8 600 万吨，占 91%，我国进口 5 740 万吨。全球玉米贸易量为9 690万吨，其中美国、阿根廷、巴西和南非出口的转基因玉米为 6 570 万吨，占 67%，我国进口 530 万吨。

而据美国农业部统计，2011、2012 年度全球油菜籽出口量为 1 295.7 万吨，其中加拿大和澳大利亚出口量的转基因油菜籽为 900 万吨，占 69%。

从以上一组数字可以看出，只要到国际市场上进口这些东西，基本都是转基因的。

7. 媒体曾报，去年底加利福尼亚州的转基因标识法案因美国转基因大亨孟山都公司花费巨资公关未通过全民公投，今年，美国有两个州通过转基因标识法案。您对标识这件事怎么看?

张大兵：美国佛蒙特州议会、美国康涅狄格州参议院通过了转基因标识法案，但真正生效是有条件的，目前并未执行。转基因食品的安全性在全球引起广泛争论，欧盟对转基因食品和作物态度强硬；一些发展中国家如印度，虽然面临着食品短缺的情况，但对于转基因食品，一些民众还是持反对态度，但转基因棉花很受欢迎。我个人认为对可以标识转基因产品加贴标签，让消费者自由选择是否购买转基因产品，满足消费者的选择权和知情权，是好事情。

8. 今年 5 月有报道称全球已有 64 个国家要求食品标注转基因标签。之后，转基因产品和农作物几乎从这些市场上消失。“标识”是否真的会成为转基因的灭顶之灾?

张大兵：关于全球已有 64 个国家要求食品标注转基因标签的情况我不能确定，可能需要进一步核实。我个人认为“转基因产品的标识制度”不会成为转基因产品和技术的灭顶之灾。但标识制度带来的副作用必须要予以考虑：①强制标识措施的实施，就相当于给“转基因”贴上了嫌疑犯的标签，反过来又强化了民众对“转基因”的抵触情绪，这可能会影响民众对非转基因产品的购买欲望。②标识制度的实施，会大大提高转基因产品的市场成本，加大消费者的负担，降低其市场竞争力。美国加州公投没有通过对转基因食品标识的立法，主要原因是标识会增加成本，增加的成本最终需要消费者买单。

9. 国际上对转基因态度比较强硬的是欧盟。有些国家甚至禁止种植，他们是出于什么样的考虑？是出于食品安全的考虑吗?

张大兵：欧盟对转基因作物的审批程序比较复杂，导致了很少转基因产品获得欧盟批准。另外，欧盟各个成员国没有对转基因作物的态度达成共识。在某些欧洲国家，一些反转基因组织的能量相当强大，他们不断地运动，试图影响政府的决策。2008 年，希腊和匈牙利以 MON810 转基因玉米有可能破坏环境为理由，禁止了这种转基因作物。欧盟食品安全局随后再次对 MON810 转基因玉米进行了评估，并认为希腊和匈牙利的转基因禁令是不合理的。2009 年，德国政府同样以对环境存在潜在威胁为理由，禁止了 MON810 转基因玉米。2010 年，一项系统的分析研究表明德国政府的决定没有足够的科学依据。很明显，从上述事件中可以看出个别国家禁止转基因作物种植的理由主要是对于环境安全性、经济社会的考虑。

但欧盟的情况比较复杂，欧盟 1998 年，批准了转基因玉米在欧洲种植和上市，获得授权的转基因玉米就有 23 种、油菜 3 种、马铃薯 1 种、大豆 3 种、甜菜 1 种。2012 年欧盟有西班牙、葡萄牙、捷克、罗马尼亚和斯洛伐克 5 个国家允许种植转基因玉米。

欧美的一些国家对待转基因食品和农作物的态度，近来也有一些变化。在今年 6 月，英国的环境食品和农业事务大臣欧文·帕特森就发表了演讲，反思欧盟的转基因政策并且力挺转基因技术。演讲中指出，欧盟耗资 2.6 亿英镑对超过 50 个转基因安全项目进行了风险评估，并在 2000 年和 2010 年欧盟委员会上报告中得出了两个有利的结论，其中第一点就是说，没有科学证据表明转基因作物会对环境和食品及饲料安全造成比传统作物更高的风险；第二点就是说，由于采用了更精确的技术和受到了更严格的监管，转基因作物甚至可能比传统作物和传统的食品更加安全。

10. 中国近年来，转基因技术也得到了大力的发展，是否仍然落后于国外？请介绍转基因技术发展的国际动态。

彭光芒：1992 年我国棉花主产区棉铃虫灾害爆发，棉花产业陷入虫害困境举步维艰，美国转基因抗虫棉乘虚而入，1998 年孟山都公司垄断了中国棉花市场份额的 95%。发展不发展自己的国产转基因抗虫棉的争论在当时也甚是激烈，但是最后我国还是下定决心大力发展转基因抗虫棉。拥有我国自主知识产权的转基因抗虫棉研发成功，中国成为了世界上第二个成功拥有抗虫棉的国家，打破了美国抗虫棉对我国市场的垄断格局。迄今，国产转基因抗虫棉所占的市场份额高达 90%以上，还进入国际市场，参与国际竞争。近年来，中国转基因技术研发和应用取得了积极发展：

一是转基因生物育种产业蓄势待发。转基因抗虫棉花品种培育和产业化取得巨大成效，转基因抗虫水稻和转植酸酶基因玉米获得安全证书，抗旱、耐除草剂作物品种培育步伐加快，抗病、高产、优质等动植物新品种培育进展顺利。

二是自主创新能力显著增强。获得一大批营养性状、抗旱、耐盐碱、耐热、养分高效利用等重要性状基因，并从中筛选出一批具有自主知识产权和重要育种价值的功能基因。

三是生物安全保障能力持续提升。建立了我国转基因生物环境安全、食用安全评价和检测监测技术平台，研制了一系列检测技术，开发了相应的检测产品，并颁布了相关的转基因安全技术标准。

尽管如此，我们与发达国家的研发水平还存在明显的差距，主要反映在自主创新能力差、系统化程度低、产业化应用薄弱、国际竞争力低下等方面。

研发方向：国际上转基因作物的研发已经经历了三个阶段，即所谓的第一至三代转基因作物。到目前为止，世界各国广泛种植的还是第一代的转基因作物，第二代转基因作物还没有正式上市。除了转基因的性状外，转基因技术方面有和第二代、第三代存在明显的差异。我国目前研发的转基因作物，大都还是第一代的转基因作物，包括性状和转基因技术。系统的溯源体系和检测体系需要加强。

研发体系：国外转基因作物的研发主要是以大型跨国公司为主进行的，具有明确的市场取向，技术垄断和巨额资金投入等特点。我们目前的研发集中在分散的科研机构。

11. 随着多年来的逐渐普及，“转基因”三个字已经不再是个单纯的科学问题了。除了公众最为关注的食品安全，还涉及政治、经济、农业、环境、国际竞争等一系列的问题。世界上对待转基因的态度也有着非常大的分歧，面对如此复杂的国内国际环境，中国的转基因将如何走下去?

谢家建：中国应该走一条适合中国国情的农业转基因生物技术发展道路，中国人口多，土地、水资源短缺，主要农作物病虫害频发。转基因生物技术作为一种新的育种方法，需要和传统农业结合，在科学评估和科学管理下，积极研发，并在科学上进行全面安全性评估，保障安全的前提下，推进其在农业中的作用。比如巴西的转基因大豆、印度的转基因棉花、南非的转基因玉米，这些都是成功的转基因作物应用案例，都值得我们去分析和思考。

12. 现在有种阴谋论说，“由于转基因公司有庞大的利益可图，所以他们有自己的国际游说集团来买通各国政府和科学家强行或暗中推行转基因。”现在一有专家站出来为转基因正名，就会被网友斥为“枪手”。有没有觉得过委屈?

彭光芒：有一些委屈，但是我可以理解，不同人有不同观点很正常，但要在科学理性的层面展开讨论，甚至争论。要拿证据，不能听信谣言，更不能制造谣言，谩骂、人身攻击就特别不正常。很多消费者不了解转基因技术及安全性，作为大学一名教师，我能做一些这方面的介绍，感到很高兴。

13. 前段时间，国际著名反转斗士的倒戈，这在转基因历史上也是一个标志性事件。能否介绍一下这个人是怎样一个人，他为什么会发生如此大的态度转变？在他之后，是否又有另外一些人发生了态度的转变？

张大兵：在很多年里，马克·莱纳斯直打着环保的旗号到处摧毁转基因作物。是《企业监督》（Corporate Watch）杂志的创始人之一，撰写了第一篇揭露转基因生物（GMO）和生物技术巨头孟山都的邪恶的文章。其实，莱纳斯并不是第一个公开道歉的积极反对转基因的活动人士。早在1980年代末期，绿色和平组织的创始人之一穆尔（Patrick Moore）就开始质疑这一激进环保组织反对转基因的立场，并最终与其分道扬镳。

转变的主要原因是：①对于科学的认知和理解，正确的理解转基因技术以及相关的安全评价理论、数据等；②现代农业生产的现实，有限的耕地，持续增长的全球人口，如何解决温饱问题？③多年来转基因生物商业化生产带来的经济、社会效益。

我们相信随着对科学的深入理解，越来越多的人会明白、赞同转基因技术，逐步的接受转基因技术及其产品。

不仅如此，实际上转基因作物的广泛应用已经带来了实实在在的环境利益。美国科学家在2011年发表的一篇综述（GM Crops 2：1，7-23；January/February/March 2011）评估了过去15年来150多篇同行评议的论文后发现，就总体而言，已经商业化的转基因作物通过提高了免耕作业、减少了杀虫剂用量、使用对环境更友好的除草剂和提高产量从而减轻了土地压力，减少了农业对生物多样性的影响。

2011年，德国哥廷根大学科学家发表在《生态经济》（Ecological Economics 70（2011）2105-2113）上的一项研究表明，印度自从采用转基因棉花以来，已经减少了50%的化学农药利用，其中包括70%的剧毒农药。据此每年减少了数百万起农药中毒事故。这种情况在中国也存在。

14. 提到转基因，往往都会提到一个公司，孟山都。这个跨国公司在转基因推广上发挥了很大的力量，如果我们接受转基因，是否会被孟山都这样的公司获利？

谢家建：转基因作物从研发、安全评估到商业化是一个相对漫长、技术密集，同时又是投入很大的过程。2011年开展的一项研究估计，发现、研发并授权种植一个新转基因作物/性状的成本约为1.35亿美元，所以目前成熟的商业化的转基因品种大多都是有实力的大型公司研发推广的。在我国转基因作物的研发和商业化也逐渐从早期的科研院所为主体到现在以公司为主体发展的过程。

一个在市场上取得成功的产品，应该是生产者和消费者共赢的产品。对转基因产品也一样，它不应该仅仅给孟山都这样的公司带来丰厚的利润，还应该给我们种植的农民，给我们这些消费者带来实惠。如果只顾自己赚钱，只顾眼前利益，它必将会被市场淘汰，这对所有企业都是一样的。

15. 我们俄罗斯记者站的消息："目前在俄罗斯市场上出现的转基因食品多为进口食品，且大多从美国进口，例如美国的雀巢、好时、可口可乐、百事可乐、麦当劳以及达能等公司的食品。俄罗斯从中国进口的转基因食品主要为大米。但俄罗斯民众对从中国的转基因大米认同不高，他们认为中国的转基因大米多为非法生产，且不注明是转基因食品。"我国是否存在上述的非法生产情况？

谢家建：2009 年农业部首次批准发放了转基因水稻的安全证书，但至今未实现商业化种植。我国已经建立了比较完善转基因生物安全监管法规体系和技术支撑体系，一旦出现违反相关法规条例的情况，将严格依照相关规定进行严肃处理。

转基因不是生态平衡的“破坏者”

刘　标　付仲文　等

［2013年7月19日人民网科技频道举办“再论转基因”在线访谈。邀请中国农业科学院植物保护研究所彭于发研究员，环境保护环保部南京环科院刘标研究员，农业部科技发展中心基因安全处付仲文副处长等］

1. 转基因抗虫棉的初衷是减少农药的污染。但是据报道，今年1月，美国官方发布公告，二次确认转基因作物商业化使美国主要水源河流发生足够严重的污染，其中转基因作物种植使用区域的污染尤其足够严重。公告说，自转基因作物商业化以来，化工农药草甘膦的用量增加数倍。您是否认同这一观点？转基因作物的种植是否存在导致周边环境污染的情况？

彭于发：我不认同转基因作物种植污染周边环境一说，与种植常规作物防治病虫草害相比，反而对生态环境有益。

总体上看，根据英国咨询公司PG Economics最近的数据分析，与转基因作物相关的农药使用量下降了9%。具体来讲，1996—2011年间，全球杀菌剂和杀虫剂的使用量下降了47.4万吨。预计未来几年仍将保持下降态势。其中，抗虫棉花和耐除草剂玉米品种农药用量的减少占了大头，各自减少达17万吨。棉花杀虫剂用量的降低使得环境所受影响减少26%，而玉米除草剂对环境贡献在11.5%。玉米杀虫剂用量减少了4.3万吨，对环境的影响相应降低将近38%。由于除草剂和杀虫剂在转基因作物上的使用量降低，减少了温室气体的排放（减少农药喷洒的汽油消耗和减少土壤中的二氧化碳的释放），在2011年相当于公路上1 022万辆汽车的排放量。种植转基因作物带来的杀虫剂的使用量明显减少，化石燃料的节省，通过少耕或免耕减少CO_2排放，通过除草剂耐受性的应用实施免耕种植来保持水土。这些变化都会对农业生态环境改善有正面作用。

具体地来看，大规模商业化种植的转基因性状耐农达除草剂和抗虫性状。

美国官方报道的主要是农达农药（农药草甘膦）的使用量残留，主要源于耐除草剂转基因植物种植过程中喷洒的农药残留。但是自20世纪60年代开始，就有文章记录在河流中有检测到农达农药的残留，特别是在覆草被杀死后。一直以来农药残留是农业生产中的主要环境污染原因之一，而非转基因植物种植特有的。

微生物降解是草甘膦在土壤中转变的主要反应。在自然环境中特别是在长期使用草甘膦等除草剂地区的土壤中，存在种类繁多的能耐受或降解草甘膦的细菌。在复合森林生态系统中，草甘膦通过稀释、传导与生物降解的综合作用而迅速消失。①在河流与缓慢流动的池塘内，通过稀释及与土壤结合迅速消失，半衰期＜10h；②当气候冷凉和微生物活性低时，在池塘内消失缓慢；③草甘膦与土壤紧密结合，迅速消失；④森林叶片残留水平最高，但迅速下降，湿润条件有利于草甘膦在落叶中迅速分解。

美国科学家在5个国家47个不同地点进行了13项试验测定草甘膦的半衰期，试验结果表明，草甘膦半衰期平均为32天。这些地点既包括简单的生态系统，如农田，也包括复杂的森林生态系统。这表明，在不同土壤及气候条件下，草甘膦都能迅速从环境中消失。研究还表明，草甘膦对哺乳动物、鸟类和鱼类安全，没有发现在食物链中积累的迹象。

当然，因大量转基因耐除草剂作物的种植，导致草甘膦的用量大量增加（从1992年11 000吨到2012年88 000吨），从而导致环境中有草甘膦农药的残留给环境带来风险是不可忽视的事实。但是在转基因抗虫棉的种植过程中，对于杀虫剂农药的使用量减少是非常明显的。

2. 在美国，一种转基因抗虫棉种植6年后，人们发现了害虫出现进化，这种抗虫棉已无法抵抗产生免疫力的害虫。有专家据此说，转基因作物可能会破坏生态平衡。请问专家如何看待这种观点？

刘标：应该说不会产生所谓的“超级害虫”，只要管理措施得当，转基因作物可能会破坏生态平衡。

在农业生产中，长期持续应用同一种农药，害虫往往会产生抗药性，导致农药使用效果下降，甚至失去作用，产生该农药难以防治的害虫。实际上，可以利用更换农药、作物品种、改变栽培制度等方法有效控制这种害虫，不会产生所谓的“超级害虫”。

转基因抗虫作物和农药类似，理论上害虫也会产生抗性。为防止这种现象发生，生产当中已经采用了多种针对性措施：一是庇护所策略，即在Bt作物周围种植一定量的非Bt作物作为敏感昆虫的庇护所，通过它们与抗性昆虫交配而延缓害虫抗性的发展；二是双基因/多基因策略，研发并推动具有不同作用机制的转双价或多价基因的抗虫植物；三是严禁低剂量表达的转Bt基因植物进入市场；四是加强害虫对转Bt基因植物抗性演变的监测。

3. 无独有偶，今年6月，意大利农业部部长、卫生与环境部部长共同表

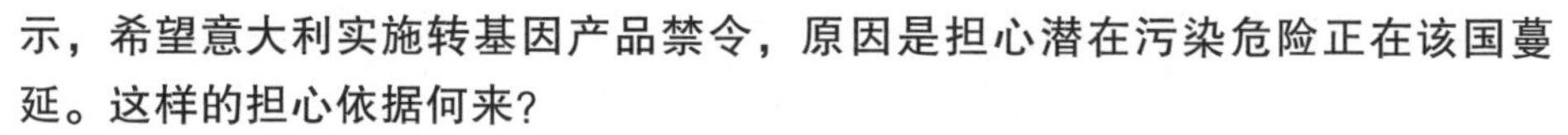

示，希望意大利实施转基因产品禁令，原因是担心潜在污染危险正在该国蔓延。这样的担心依据何来？

刘标：从一般意义上来讲，采用“预防原则”作为思考问题的出发点，认为转基因产品可能多多少少存在着环境安全或食用安全问题，需要加强安全管理，从而保障本国或本地区的人体健康和动植物、微生物安全，保护生态环境；意大利是有机食品的生产出口大国，转基因技术的推广应用不仅涉及生物安全问题，也涉及经济、贸易等问题，一些国家也把它作为重要的技术壁垒，转基因食品可能会对有机食品的种植、市场等方面带来影响，因此采取一些措施也是可以理解的。

从个案原则上讲，对于特定的转基因产品，颁布禁令的措施又使政策走向了极端保守，这样的担心毫无依据。虽然“可能会破坏生态”常常被作为反对种植转基因作物的一大理由，但是这种可能性并没有变为现实。相反，种植转基因作物已经实实在在地发挥了保护环境的作用，原因很简单：少施了大量的农药。这既减轻了农药对环境的污染，又减少了用于生产、运输、喷洒农药所耗费的原料、能源和排出的废料，还保护了益虫和其他生物，减少了人、畜接触杀虫剂而中毒的危险。尽管目前还没有表达高产基因的转基因作物投入产业化，但是提高抗虫性能的同时，也意味着人们能“虫口夺食”。黄季焜以多年的量化研究表明，大田试验中的抗虫转基因水稻由于大大减轻虫害，比对照组产量提高6%～9%。所以其实转基因产品更为环保。

4. 欧洲其他国家政府的态度如何？

付仲文：欧盟对转基因技术的研究是积极的，对转基因产品的态度是谨慎的，管理是严格的。值得注意的是，最近英国等已对自己过去的消极政策进行反思，出现了积极变化。

我们看看几个与欧盟转基因有关的数字。以转基因玉米为例，截至2013年7月15日，现有有效的欧盟批准用作食品、饲料的转基因玉米转化体达25个，其中复合性状转化体有15个，批准的有效期通常为10年；自2002年10月17日以来，在欧盟各成员国先后批准887项转基因生物田间试验。而自1991年以来至2012年4月26日，欧盟各成员国先后批准了2 709例转基因生物田间试验。允许种植的转基因作物，除了康乃馨和马铃薯外，就是转基因玉米2个转化体MON810和T25。西班牙、葡萄牙、捷克、斯洛伐克和罗马尼亚5个欧盟成员国家，年种植转基因Bt玉米面积在10万公顷以上。

再看看法规层面。欧盟对转基因产品实行单独立法，采用预防原则，基于转基因技术本身和全过程的管理模式，建立严格的转基因生物标识制度和可追溯制度，实现从实验室到餐桌的全方位管理。与其他国家相比，欧盟及其成员国转基因生物安全管理法规体系比较复杂，审批程序繁杂，决策时间长，意见难以统一。因而给人们的印象是转基因安全管理是最严格的。以标识制度为例，由于实行超过0.9%才标识的定量标识制度，在实际中的转基因食品很难超过这个数值，因此就形成了事实上的不标识，在市场上几乎找不到标有转基因的食品。

其他方面的考虑。尽管欧盟对转基因作物的态度相对明确，但是各个成员国却没有对转基因作物的态度达成共识。在某些欧洲国家，一些反转基因组织的能量相当强大，他们不断地运动，试图影响政府的决策。2008年，希腊和匈牙利以MON810转基因玉米有可能破坏环境为理由，禁止了这种转基因作物。欧盟食品安全局随后再次对MON810进行了评估，并认为希腊和匈牙利的转基因禁令是不合理的。2009年，德国政府同样以对环境存在潜在威胁为理由，禁止了MON810转基因玉米。次年，一项系统的分析研究显示，德国政府的决定并没有科学依据。科学再次站在了政府决策的对立面上。上述这些欧盟成员国政府的禁令并未得到欧盟的支持。可以说，政府禁止转基因作物种植的理由主要是对于环境的考虑，而非认为转基因作物会损害人体健康。加上欧洲是有机农业比较发达的地区，2011年欧洲有机农业占其耕地面积的3.7%，拒绝转基因是有市场的。

5. 目前科学界主流研究对此是否有一致的结论？

刘标：从总体上看，大量科学研究、学术研讨会和学术期刊发表的文章，普通认为，转基因作物对生态环境是安全的。

目前全球对于转基因生物安全的研究一直备受各国学者关注，涉及农业、植物、动物、医学、生态环境等多个领域。自第一例转基因生物面世以来，在环境安全方面，通过批准可以进行商业化种植的转基因作物是经过了长期、规模的科学实验已证明其对环境是安全的。每年PG Economics都会发布全球转基因作物环境影响报告，表明转基因作物对环境安全没有产生不良的影响。

6. 目前全球的转基因作物种植情况如何？面积和近年趋势？

彭于发：据ISAAA和美国农业部数据，2012年全球转基因作物种植面积达到1.7亿公顷，其中转基因大豆8 070万公顷，占全球大豆种植面积的81%；转基因棉花2 430万公顷，占全球棉花种植面积的81%；转基因玉米5 510万公顷，占35%；转基因油菜920万公顷，占30%。从1996年至2012年，来自全球约30个国家的数百万农民种植了转基因作物，这是对生物技术作物益处的最有力的证明。在这17年期间，全球超过1亿人次的农民种植了转基因作物，且累积种植面积超过了15亿公顷（超过美国或中国50%的国土面积）。2012年28个种植转基因作物的国家中，20个为发展中国家，8个为发达国家。2012 年，发展中国家转基因作物的种植面积（占全球的 52%）超过了发达国家的转基因作物种植面积（占全球的 48%）。前 5 个种植转基因作物的发展中国家是亚洲的中国和印度、拉丁美洲的巴西和阿根廷以及非洲大陆的南非。这 5 个主要发展中国家共种植了7 820万公顷的转基因作物，占全球转基因作物种植面积的 46%，且这 5 个国家的人口约占全球 70 亿人口的 40%。5 个欧盟国家（西班牙、葡萄牙、捷克、斯洛伐克和罗马尼亚）种植 12.9071 万公顷转基因 Bt 玉米，其中西班牙种植的转基因 Bt 玉米面积占欧盟总种植面积的 90%，即 11.6307 万公顷。

转基因作物种植面积从 1996 年到 2012 年增长了 100 倍，这一增长使得转基因技术以可观的利润成为现代农业史上应用最迅速的作物技术。其中好几年连续增长率超过 10%。对转基因作物的前景持谨慎乐观态度，预计未来每年转基因作物种植面积将为微幅上涨。

（1）复合性状产品是一个非常重要的特色并且是未来趋势，其满足了农户和消费者的多样化需求，正越来越多地被一些生产种植大国所采用。（2）未来 2～3 年之内，转基因抗旱玉米将首次在北美上市，转基因水稻“金米”将于在菲律宾首次进入市场。（3）品质改良转基因大豆将会得到市场的认可，会有一定规模的种植。

7. 我国的情况如何？

付仲文：我国一直以来十分重视现代生物技术的研究及其应用，对于转基因动植物的研究也一直备受关注。我国先后批准发放生产应用生物安全证书的转基因作物有 7 种，分别是矮牵牛、甜椒、玉米、水稻、番茄、番木瓜、棉花。同时，我国批准发放进口用作加工原材料的转基因生物安全证书，涉及玉米、大豆、油菜、棉花、甜菜 5 种作物，37 个转化体。

在我国投入商业化生产种植的转基因作物仅有转基因棉花和番木瓜。每年抗虫棉的种植面积约 400 万公顷，居世界第 6 位。每年转基因番木瓜的种植面积在 1 万～2 万公顷（15 万～30 万亩），约占我国总番木瓜种植面积的 90%。

8. 在我国，只允许使用转基因大豆作为原料，但却一直没有放开转基因大豆种植，“只准吃不准种”。有业内人士分析称，我国禁止转基因大豆种植主要是出于两个方面的考虑：一是对于转基因的安全问题目前还没有确定的结论；二是转基因作物种植还涉及物种生态环境的保护。转基因管理安全委员会是否有此考量？

彭于发：“准吃不准种”是目前存在的一种表面现象，这与国内国际转基因大豆研发进展和市场需求有关。已经允许进口和食用，是因为安全性有保证，市场有需求。还没有允许种植，是因为要对市场需求、环境影响等进行综合考量。我国正在加紧研发具有自主知识产权的用于生产种植的转基因大豆，目前还处于试验阶段。对于国外申请进口用作加工原料的转基因大豆，我国已发放了 8 个转化体的生物安全证书。截至目前，包括孟山都公司在内，没有一个境外研发公司依据我国相关生物安全管理规定和程序递交在中国种植的相关申请。因此“只准吃不准种”的现象是存在的。

在发放进口用作加工原料的生物安全证书之前，部分地考虑到了环境安全性。这是因为，在进口的过程中，考虑到具有活力的转基因生物无意散落到周围环境，因此需要检测生存竞争能力和对生物多样性影响两个指标。

按照法规要求，对于在中国境内种植的转基因生物，包括大豆在内，无论是国内研发单位还是国外研发公司，都需要从中间试验开始，经历环境释放、生产性阶段，需要完成系统的环境安全评估和食用安全评估试验，方能申请生产应用（或种植）的安全证书。在环境安全评估方面，从科学层面讲，我国是大豆的起源中心，大豆种质资源有着丰富遗传多样性，考虑到批准转基因大豆的适宜种植区可能和常规大豆种植区重叠，因此需要累积更多的科学数据来研究转基因大豆对我国野生大豆资源等的影响。

9. 网上流传两个例子，一是 2010 年，农业部机关幼儿园网站的儿童保健栏目中，明确提到“食用油采用非转基因油”；二是 2012 年中国农业科学院内部推销食用油时标注：低温冷榨，100%非转基因！网友认为，“农业部和农业科学院专家肯定转基因食品无害、安全，这么好的高科技产品为什么他们自己、他们的家人就绝对不能吃呢?”请问专家如何评论网友的这种观点？你们在日常生活中食用转基因食品吗?

付仲文：作为社会中的普通一分子，我们当然也在食用转基因食品。农业部幼儿园个别工作人员，在不了解情况下，为迎合一些家长，写了这些文字，但很快就得到更正，已没有这项规定，但一些人处于炒作需要，总是拿这件事说事。现在确有一些企业，标注“非转基因”，这样的确容易误导消费者，这种做法在美国是被禁止的。但经过严格的安全评价，批准上市的转基因产品，是安全的，是可以放心食用的，各位网友不必担心。

从我国大规模商业化种植的抗虫棉和抗病毒转基因番木瓜，以及批准进口用作加工原料的转基因大豆、玉米、油菜、棉花和甜菜来看，我们身边的转基因食品主要包括大豆及其制品，包括大豆油、玉米及其制品、菜籽油、棉籽油、番木瓜等。尤其是转基因大豆油，一般的超市都有售。可以说，我们日常生活中避不开转基因食品。据 ISAAA 报道，2012 年全球 81%的大豆、81%的棉花、35%的玉米、30%的油菜都是转基因的，食用转基因食品的人达4/5。从国际粮食贸易市场来看，据国际谷物协会对大豆和玉米的统计，2011/2012

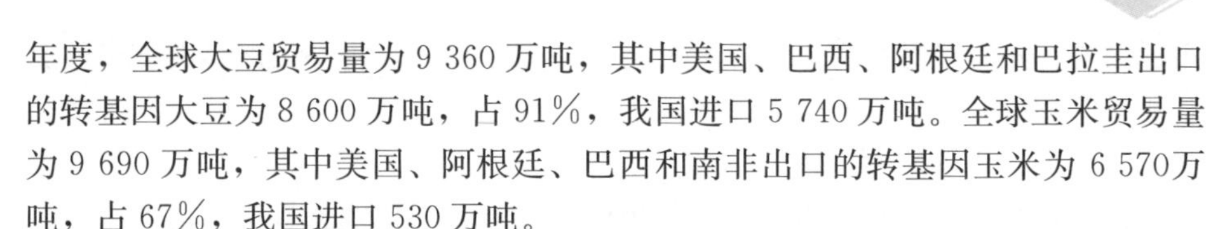

年度，全球大豆贸易量为 9 360 万吨，其中美国、巴西、阿根廷和巴拉圭出口的转基因大豆为 8 600 万吨，占 91%，我国进口 5 740 万吨。全球玉米贸易量为 9 690 万吨，其中美国、阿根廷、巴西和南非出口的转基因玉米为 6 570万吨，占 67%，我国进口 530 万吨。

10. 目前根据转基因水稻实验，以及转基因棉花的种植情况，是否有一些相关研究数据能说明转基因农作物的优越性吗？

彭于发：我国长期以来十分重视转基因水稻、棉花的安全评价研究工作，并积累了大量的田间试验科学数据，相关成果发表相继在《Nature》、《Science》、《Nat Biotechnology》等国际著名期刊上，这些都为包括我国在内的全球转基因生物安全评价提供了很强的数据和理论支撑。

通过对转基因水稻和非转基因水稻种植农户的追踪调查，研究了处于生产性试验阶段大田种植的转基因水稻品种对农民生产和农民身体健康的影响。结果显示：转抗虫基因水稻品种较相对应的非转基因水稻品种增产 6%～9%，可降低 80%的农药施用量。因此，种植转基因抗虫水稻将降低稻农的生产投入，明显提高农民的收入。同时，也因为降低了农药施用量而有效地改善了自然环境，并降低因为农药施用过程中对农民健康产生的负面影响。

我国于 1997 年批准转基因棉花的种植，16 年来转基因抗虫棉在我国种植面积逐年上升，2012 年超过 70%，累计减少农药用量超过 80 万吨，农民纯经济效益超过 1 200 亿元。

我国于 2009 年 8 月批准发放转基因水稻生产应用安全证书，是有大量的充分的科学试验数据和资料支撑的。

11. 有观点认为，转基因产品生产及利用的复杂性在于，即便当下的科学研究足以证明人类社会在直接利用转基因产品上的安全性，但却无法确保转基因产品的生产过程及转基因技术的应用过程中对生态环境系统和平衡具有足够的安全性，对这一说法您怎么看？

刘标：(1) 安全是相对的，没有绝对的安全。转基因生物的环境安全以及对于生物多样性的影响是一个长期、复杂的问题。转基因产品在批准生产前，研究人员都将进行谨慎缜密的科学实验，检测转基因生物对环境的影响，进行严格转基因作物环境安全评价。环境安全性评价的核心问题是转基因生物释放到自然界后，是否会破坏生态环境，打破原有生物种群的动态平衡。转基因作物打破生态平衡的可能性有三个方面：演变成农田杂草、基因漂流到近缘野生种、影响自然生物类群。事实上，相对于转基因产品的上述潜在环境风险，传统育种方式获得的一些动、植物新品种一样存在。目前的研究表明转基因作物的种植较其受体对于生态环境系统和平衡能力一致。当然，有些转基因植物是为了增加在特定逆境环境下的生存能力，其对于生态环境系统的影响和平衡会有明显的影响，可能具有一定的风险。

（2）现阶段的研究评价，已顾及了将来的安全。同时，也有相关的制度措施保证在将来一旦发现危害，就能将风险降到最小。商业化种植后还要进行长期的生态效应监测和治理。与其他农业措施一样，转基因作物的大面积种植也会带来长期的生态效应。对转基因作物大面积种植以后的生态效应进行长期监控，提出治理策略，为转基因作物的风险管理决策提供科学依据，保障转基因作物的持续利用。

12. 国内外关于“转基因对环境污染”的事件也有不少，比如1999年的大斑蝶事件、2001的墨西哥玉米事件、国内种植转基因作物会导致土壤废弃的说法，最后都被证实为谣传，您能具体为大家介绍一下吗？

彭于发：（1）大斑蝶事件

10多年来，主流科学家和媒体反复告诉公众，这是一个“伪科学”事件，实验结果不能重复，不可信，不科学。可还是有极少数人拿此例作为反对转基因的一个理由。请大家根据各方面的意见可以自行评判。事实上，1999年5月，康奈尔大学的一个研究组在《Nature》上发表文章，称用带有转基因抗虫玉米花粉的马利筋（一种杂草）叶片饲喂美国大斑蝶，导致44%的幼虫死亡，由此引发转基因作物环境安全性的争论。美国政府高度重视这一问题，组织相关大学和研究机构在美国3个州和加拿大进行专门试验，结果表明，康奈尔大学研究组的试验结果不能反映田间实际情况，缺乏说服力。主要理由有：一是玉米花粉相对较大，扩散不远，在玉米地以外5米，每平方厘米马利筋叶片上只找到一粒玉米花粉，远低于康奈尔大学研究组的试验花粉用量；二是田间试验证明，抗虫玉米花粉对大斑蝶并不构成威胁；三是实验室研究中用10倍于田间的花粉量来喂大斑蝶的幼虫，也没有发现对其生长发育有影响。

（2）墨西哥玉米基因污染事件

2001年11月，美国加利福尼亚州立大学伯克莱分校的两位研究人员在《Nature》上发表文章，称在墨西哥南部地区采集的6个玉米地方品种样本中，发现有CaMV35S启动子及与转基因抗虫玉米Bt11中的adhl基因相似的序列。文章发表后受到很多学者的批评，指出其试验方法上有许多错误。一是原作者测出的CaMV35S启动子，经复查证明是假阳性；二是原作者测出的adhl基因是玉米中本来就存在的adhl F基因，与转入Bt11玉米中的外源adhl S基因，两者的基因序列完全不同。事后，《Nature》编辑部发表声明，称“这篇论文证据不充分，不足以证明其结论”。墨西哥小麦玉米改良中心也发表声明指出，经对种质资源库和从田间收集的152份材料的检测，均未发现35S启动

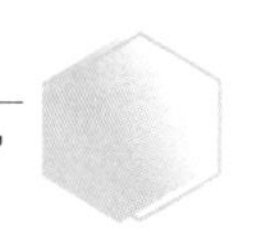

子。

（3）种植转基因作物会导致土壤废弃吗？

不会。有关“湖北、广西及东北地区大量耕地种植转基因作物而报废”的传说并不属实。经湖北、广西、东北等相关部门核查，到目前为止，上述地方没有种植转基因粮食作物。湖北省种植转基因抗虫棉的耕地，地力稳定，产量正常。在长江流域和黄河流域、西北内陆棉区等地，多年生产种植抗虫棉的地块，未发现一起因种植转基因抗虫棉而土壤废弃的例子。

13. 种植转基因耐除草剂作物会产生“超级杂草”吗？

刘标：不会。转基因耐除草剂作物本身不会成为无法控制的杂草，种植转基因耐除草剂作物也不会使别的植物变成无法控制的杂草。1995 年，加拿大首次商业化种植转基因油菜，曾经在个别田块出现了对与转基因有关的 3 种除草剂都具有抗性的自生油菜植株，最后通过改变除草剂予以灭除。

14. 种植转基因抗虫作物会产生“超级害虫”吗？

付仲文：在农业生产中，长期持续应用同一种农药，害虫往往会产生抗药性，导致农药使用效果下降，甚至失去作用，产生该农药难以防治的害虫。实际上，可以利用更换农药、作物品种、改变栽培制度等方法有效控制这种害虫，不会产生所谓的“超级害虫”。

转基因抗虫作物和农药类似，理论上害虫也会产生抗性。为防止这种现象发生，生产当中已经采用了多种针对性措施：一是庇护所策略，即在 Bt 作物周围种植一定量的非 Bt 作物作为敏感昆虫的庇护所，通过它们与抗性昆虫交配而延缓害虫抗性的发展；二是双基因/多基因策略，研发并推动具有不同作用机制的转双价或多价基因的抗虫植物；三是严禁低剂量表达的转 Bt 基因植物进入市场；四是加强害虫对转 Bt 基因植物抗性演变的监测。

15. 有人说既然转基因食品不能保障绝对安全，哪怎么能让我们吃呢？

彭于发：就像前面刘研究员说的，绝对安全的东西是不存在的，像我们生活中离不开的食盐，如果吃多了，也是有害的，谁也不敢说食盐是绝对安全的。那么转基因产品，也包括其他产品能不能商业化应用，国际上普遍采取风险分析原则进行风险评估。危险性分析是国际食品法典委员会在 1997 年提出的用于评价食品、饮料、饲料中的添加剂等对人体或动物潜在副作用的科学程序，现已成为国际上开展食品危险性评价、制定危险性评价标准和管理办法以及进行危险性信息交流的基础和通用方法。2000 年 CAC 成立生物技术食品政府间特别工作组，在转基因领域制定风险分析原则和指南，评估结果只要认为如果正确进行管理安全，风险是可控的，就可以运用。例如，我们生产生活离不开的电，如果使用不当就会电死人，有时还会引起火灾。但如果正确使用，危险是可以避免的，它通过了安全评价，因此电就进入到了我们的生活，从此我们再也离不开他了。

16. 有人说转基因食品安全，有人又说不安全，其实对其他食品也一样，那么食品安全到底谁说了算？我们应该听谁的？

彭于发：具体到转基因食品安全问题谁说了算，国际上应是国际食品法典委员会说了算，该机构由 170 多个国家组成，负责制定国际食品标准，如发生争议，他还是 WTO 承认的国际仲裁标准。另外，世界卫生组织、联合国粮农组织等国际组织和权威机构均表示，目前批准商业化的转基因食品是安全的，可以放心食用。生活中遇到一些疑问，要多听权威机构和同行科学家群体的意见。

我们现在这个社会不缺少信息，而是缺少甄别信息的能力。《食品安全法》规定，安全食品是指“食品无毒无害，符合应当有的营养要求，对人体健康不造成任何急性、亚急性或慢性危害”，转基因食品是符合的；世界卫生组织定义的不安全食品是指“食品中有毒有害物质对人体健康有危害的公共卫生问题”，转基因食品没有，因此是安全的，可以放心食用。

附：专家学者转基因言论集锦

一、转基因技术

转基因育种不违背生物进化规律。转基因育种与传统农业育种都是在分子水平上改变作物的性状，没有本质区别，并不违背自然界生物进化规律。我们种植的绝大部分作物早已不是自然进化而成的野生种，而是经过千百年人工改造，转移基因所创造的新物种。转基因技术是人类最新的育种技术，是一种更准确、更高效、更有针对性的定性育种技术。

——吴孔明

转基因技术是科技进步的结果。作物育种可以分为四个阶段，一是选择育种，二是杂交育种，三是诱变育种，四是现阶段的分子育种：主要是转基因育种。现在，人们不仅掌握了基因的功能，还实现了对所需目的基因的分离、导入到另一物种中，使后代性状可准确预期，从而大大缩短了新品种的培育时间。

——吴孔明

转基因育种是我国农业可持续发展的根本方向，在世界范围内，以转基因为主要内容的生物技术具有重要的地位。它的成败对以农业为主的发展中国家所产生的影响更为重要。尤其像中国这样一个以传统农作物为主要出口产品的国家。

——范云六

农业生物技术的安全性，是随着农业生物技术的发展而出现的一个科学问题。应该以科学的态度来加以重视、深入研究和探讨，而不能够把农业生物技术的转基因安全性问题等同于洪水猛兽。

——范云六

农业生物技术对促进我国传统农业向现代农业的转变非常重要，甚至是决定性的。传统的精耕细作使我国农业生产达到相当高的水平，但这种方式不能维持土地的自然发展，同时严重危害环境，造成资源和环境恶化。当前农业面临严重的挑战。如果没有科技的新突破，农业生产就很难获得大幅度增长。

——范云六

对于转基因的未来，我认为它是科技发展的潮流，在未来将会变成一种常规的技术。目前，转基因技术还只是处在发展的早期，随着技术不断发展完善，将来用途会更加广泛，也一定会有更多更好的产品问世。

——黄大昉

对于转基因作物的发展，我有这个信念，对于未来，我是乐观的。何况不能一概否定所有的争议。高技术发展越来越快，可是我们的知识基础和对科学的认知，远远落后于技术发展的速度。我们相信，在更长远的历史尺度上，这将只是短暂的“徘徊期”。

——黄大昉

即便有少数专家不赞同转基因技术，也属于正常现象，只要是积极、理性的学术争论，都会有利于生物技术的进步和完善。古往今来，一切科学技术的发展道路都不平坦，除了无尽的求索、艰辛的实践、理性的学术争论和广泛的科学传播之外，也不乏对科学理念的坚守及对反科学思潮的批判。

——黄大昉

今日世界正处在新一轮科技革命的前夜，围绕高新技术的竞争愈发激烈。在生物技术领域，一些发达国家一直倚仗其技术和经济优势在全球扩展市场和谋取霸权。面对严峻挑战，我们要做的不是放弃或抵制转基因技术的发展，而只能加强研发，加快推进，抢占科技制高点，争取发展主动权。

——黄大昉

应当指出，目前从事生物科学研究的专业人士因对相关知识和技术比较熟悉或了解，绝大多数都拥赞转基因技术发展。其他学科，如环境科学、社会科学界一些专家对转基因安全风险存有疑虑，但其中很多人也声明并非反对技术进步，只是希望加强评价和监管。即便有少数专家不赞同转基因技术，也属于正常现象。

——黄大昉

转基因技术仅只是农耕文明的延续。农耕文明的始初就是从纷杂百草中筛选出可以种植栽培的作物，农业活动的实质就是逐渐地更多依赖科学技术，不断利用人类智慧对自然和环境的人为干预过程，这些干预渐次改变着植物的基因，转基因作物本质和传统的农耕文明，与现代绿色革命的杂交和诱变并无不同。今天的常规，就是昨天的逾矩，今天的普通，就是昨天的非常。

——罗云波（中国农业大学食品科学与营养工程学院院长）

转基因技术本身是中性的，保障其安全性是必须的，但这并不意味可以对其进行毫无根据的反对。

——罗云波

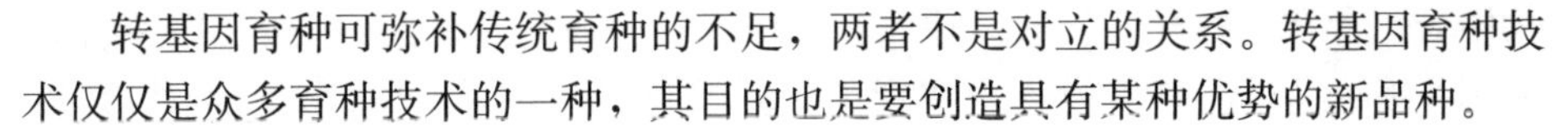

转基因育种可弥补传统育种的不足，两者不是对立的关系。转基因育种技术仅仅是众多育种技术的一种，其目的也是要创造具有某种优势的新品种。

——罗云波

转基因技术是大势所趋。运用转基因技术能够提升农作物单位面积产值和减少农药化肥的使用；从长远来看，转基因技术（对粮食安全）贡献很大，而且转基因技术是生物技术里最先进的技术，科学技术的进步不可阻挡。没有哪项技术进步是一点风险都没有的，要看运用的风险大还是效益大，如果效益大于风险，而且科学知识的传播及时，我想大家都能够接受。

——彭于发

转基因技术发展前景是光明的。世界各国都在抢占这一农业高新技术的科技制高点，以此来提升国际竞争力。在我国是作为战略性新兴产业之一进行布局的。我看好转基因技术主要基于三个理由：一是他的先进性，二是他的兼容性，三是市场需求。转基因是少有的能满足全球人口、资源和环境发展需要的技术。从我国国情看，转基因技术是我国发展的一个新的机遇。

——彭于发

转基因技术的神秘程度就像当年大家刚接触互联网、电脑一样，目前消费者对其神秘感还未完全消除。

——彭于发

自然界中，有一种原核微生物叫根瘤农杆菌，是天生的转基因高手，能将细菌基因转入到高等植物中，形成冠瘿瘤。科学家以根瘤农杆菌为师，通过偷梁换柱的策略，将外源基因插入到经改造的T-DNA区，借助农杆菌的感染实现外源基因向植物细胞的转移。转基因现象在自然界中普遍存在，并不违背自然规律。

——林敏

转基因技术基因改变的数量远远低于传统的杂交育种方式，在基因位点的选择上也更为精确。

——陈君石

对基因的安全性问题，最初不是公众，而是科学家（一位诺贝尔奖得主）提出要慎重，安全性问题首先是科学家想到。

——饶毅（北京大学教授）

由不懂分子生物学的外行不断挑起的转基因论战，经常陷入极端化的情绪表达，并让阴谋论、谣言论等盛嚣尘上，这导致无法进行理性讨论。

——饶毅

转基因技术并不是发明创造了自然界原本不存在的东西，而是利用了微生物中天然存在的转化、转导现象，植物中天然存在的农杆菌感染，在实验室内采用一系列分子生物学操作，实现了基因的物种间转移。因此，转基因技术，遵循了中国古代哲学所推崇的“道法自然”等卓越理念，在生物技术应用中实现了“顺势而为”、科学与自然和谐。

——周云龙（农业部科技发展中心副主任、研究员）

转基因技术是“巧手裁缝”。每个面市的转基因产品，都汇聚着全球数百万科学家数十年的辛勤付出，涉及从理论到技术、到仪器、到工艺、到测试、到风险评价等一套完整的基因工程技术。智慧和汗水凝聚而成的“彩虹之桥”，使转基因技术成为生命科学界的“巧手裁缝”。

——周云龙

我们吃的食物，绝大部分是动植物生命体；我们呼吸的空气、我们的体表和消化道内，无时无刻不伴生着数以亿计的微生物，我们从来不会因为吃掉它们、呼吸它们、密切接触它们而被转基因，原因就在于每个物种都有一套防止外来基因干扰自身基因组的防御机制。

——周云龙

公众对看不见摸不着的东西有着本能的怀疑和回避。转基因技术确实可以用来做坏事，无论是有心还是无意，风险的确存在。就像菜刀，可以用来切菜，也可以杀人。

——周云龙

科学技术的突破在初期往往备受争议。在公众还没有得到正确的信息时，他们更容易被那些声称转基因农作物不安全的负面报道所影响。

——周云龙

没有人说转基因技术是解决所有农业生产问题的万能药。但它是一个强有力的工具，我们不能不去利用。当然，转基因也不是解决病虫害等问题的唯一选择，但就目前而言，它是主要的解决办法之一。

——周云龙

转基因育种技术的优势在于可以实现跨物种的基因发掘，这种对基因进行精确定向操作的育种方法，效率更高，针对性更强，而传统方法不但费时费工，而且只能在同一物种内进行。

——寇建平

转基因技术的发明，为人类改良农作物品种，提高粮食生产的效率，提供了更为广阔的前景。

——朱祯

讨论转基因必须按照这 3 个层次进行：第一，从科学角度，这个技术安不

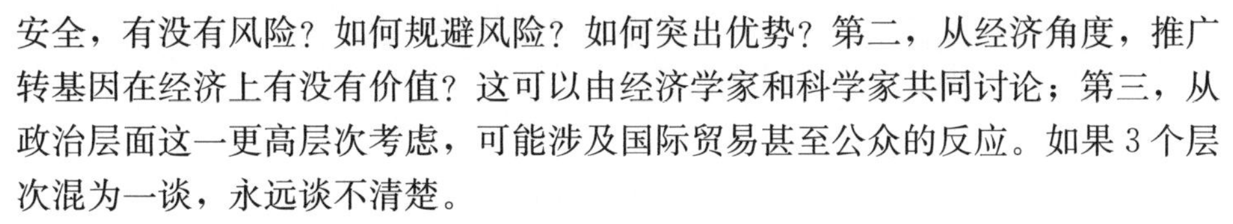

安全，有没有风险？如何规避风险？如何突出优势？第二，从经济角度，推广转基因在经济上有没有价值？这可以由经济学家和科学家共同讨论；第三，从政治层面这一更高层次考虑，可能涉及国际贸易甚至公众的反应。如果3个层次混为一谈，永远谈不清楚。

——朱祯

以科学眼光看待转基因。转基因技术是一项前沿科学，仍有许多问题需要我们去探索，我们对于它的认识也必将随着科学的发展而逐步深化。而要消除这些疑虑，就需要我们以科学的思想方法去认识转基因技术和它所引起的一些问题，从而推动转基因技术发展回归到科学与理性。

——薛亮

目前公众之所以对转基因有质疑，一个重要原因是人们不真正了解转基因，对转基因的了解很大程度来源于网络，而网络上充斥着反转分子对转基因的妖魔化言论。一些民众由于缺乏其专业学知识而盲信反转分子的言论。

——姜韬（中科院遗传与发育研究所生物学研究中心高级工程师）

目前反转基因的人大都从一些人文、道德的角度，政治的层面来反对转基因，很少有人从科学层面对转基因进行讨论和分析。这些反转的人大多数不懂生物技术，很多都和科学界不搭边，很难找到反对者是真正的科学家。

——姜韬

从利益角度看，转基因技术原本是科学家做贡献、老百姓受益。转基因技术的发展直接影响的利益群体有两类：传统农药的生产商，因为抗虫农作物的推广将让高毒农药需求量急剧下降；有机农业经营者，因为转基因技术可以培育出品质更好的产品而直接对它们形成冲击。

——方玄昌（科普作家）

如果没有基因转移，地球上就只能有病毒及更低等的生命物质。转基因只不过是人类从大自然那里学来的促进基因转移的一种方式。纵观生命的发展历程，生物起源的本身就是大规模基因横向转移的产物。

——方玄昌

有关转基因的科普知识为什么挺难推广呢？因为有的人把“怀疑一切”的思辨精神没有用到正经地方，有的人凭直觉而非逻辑思考问题。你说什么都没用，他就是不信，就是不吃。

——董峻（新华社记者）

“转基因”并不是人类的独创，自然界中本身就存在“转基因”现象。异花授粉是同种植物基因转移的典型例子，农杆菌侵染植物伤口则是物种间基因转移的典型例子。农杆菌是普遍存在于土壤中的一种细菌，它能感染大多数双子叶植物的受伤部位，并诱导产生冠瘿瘤或发状根。农杆菌侵染植物伤口进入其细胞后，可以把自己的基因转入其他植物的基因中。

——董峻

基因的遗传，只表现在生长着的生物体内，比如一个动物、一棵植物。如果生物体不再生长，作为人的食物，吃到人的肚子里，那么基因就不再有遗传作用，比如一块羊肉、一穗玉米，羊肉里的基因、玉米里基因就只是有机分子，只有营养作用。基因在十二指肠里被酶分解为核糖、磷酸、嘌呤、嘧啶，然后被小肠吸收。

——杨青平（大河健康报总编辑）

二、食用安全

此前有媒体关于我说“吃转基因食物就没有生育能力”的报道有误。我的原话是：“我愿意吃转基因大米来亲自做这个实验，但问题是我已经80多岁了，没有生育能力了。”

——袁隆平

很多人“谈转基因色变”，转基因不能一概而论。

——袁隆平

天然食品不等于就是安全食品。人们普遍认为天然的食品添加剂就是安全的，而化学合成的食品添加剂就是不安全的。事实上，天然的食品添加剂中也有有毒有害的，而化学合成的经过科学评价的照样是安全的。

——陈君石

没有零风险食品存在。食品安全是一个相对和动态的概念，没有一种食品是百分之百安全的，零风险的食品安全是不存在的。

——陈君石

人吃猪肉能变成猪吗？我们吃进去的粮食里都有基因，到了胃里消化是不分基因和转基因的，基因不可能整合到人体里。

——陈君石

转基因不属于食品安全范畴。食品安全问题，指食物中有毒、有害物质对人体产生影响的公共卫生问题，而转基因食品不含有毒、有害物质，更不要说量的问题。

——陈君石

食用转基因食品不会改变人的遗传基因，无论是普通食品中的基因还是转基因食品中的外源基因，进入人体后会在消化系统的作用下，降解成小分子，

不会影响人类自身的基因组成。现代科学没有发现一例通过食物传递遗传物质整合进入人体遗传物质的现象。

——吴孔明

美国上市的转基因农作物有 9 种，现在中国只有 2 种。美国种植的 90%的玉米和棉花、93%的大豆、99%的甜菜，都是转基因品种。转基因甜菜用于制糖，几乎 100%供美国国内食用。欧盟每年进口玉米 400 万吨，大豆 3 300 万吨左右，进口产品中大多含转基因成分。

——吴孔明

大家不要信谣，更不要传谣，必须要有根据再说，现在有的人不太负责任，昨天有一个老太太，她说现在得癌症的那么多，都是吃转基因食品得出的。我说你举个例子，谁是吃了转基因食品得了癌的。一家兄弟几个，或者一家五口人，都吃一样的东西，有一个人得癌了，其他人都不得癌，这是什么道理。

——戴景瑞

药品的实验可以在人体上做，但是食品中很难，很多的国家都是通过动物实验来做的，也是通用的。转基因食品是否有安全性，是在国际上通用的方法来判定的。可能会涉及一些道德上问题，所以很多东西不能做，这是国际惯例。国际公认的化学、毒理学，科学家用动物学的实验来推测人体的实验结果，以大鼠替代人体实验，是国际科学同行方法。

——吴孔明

在转基因食品的安全性评价试验过程中，借鉴现行的化学品、食品、食品添加剂、农药、医药等安全性评价理念，采取大大超过常规使用剂量的超常量试验，应用一系列世界公认的实验模型、模拟试验、动物实验方法，完全可以代替人体试验并进行推算长期使用对人体是否存在安全性问题。

——吴孔明

从科学角度而言，给转基因贴标签毫无必要。更重要的在于选择权，应该让我们的市场、我们的餐桌多一种选择，没有人逼迫你吃转基因食品，却有人阻挡我吃转基因食品。

——范云六

人们要求技术零风险的心情完全可以理解，但是即使是最伟大的科学家也无法在技术层面上做到零风险，不但现在做不到，恐怕将来也很难做到。同任何其他技术一样，转基因技术也不存在零风险。

——范云六

有的企业利用部分消费者对转基因技术的认知欠缺和焦虑心理，为追求自身利益而不顾市场规则，把“非转基因”作为卖点加以炒作。这种做法违背了广告法等相关法规，其结果不仅导致行业竞争的无序，更加剧公众对于转基因技术的恐慌情绪。

——毕美家

禁止在广告中宣称非转基因产品更健康、更安全。此举对于规范市场行为，正确引导消费，塑造公平竞争环境都将产生积极的示范效应。

——毕美家

转基因与非转基因商战的背后，是企业的利益之争，与转基因食品安全性并无本质关联。但这样一场商战，却付出了惨痛的代价——它打破了行业间公平竞争的市场环境，助长了各类“妖魔化”转基因谣言的传播，给转基因技术的研发应用设下重重障碍。

——毕美家

如何标识要考虑可行性。做标识目录时，哪些列入哪些不列入都是经过各方面专家论证的。既要考虑到标识运行的成本，又要考虑可操作性，政府能否做到有效监管。事实上，中国实行的定性标识比欧盟更严，欧盟要求转基因成分含量超过0.9%才标识，中国要求只要含有转基因成分就必须标识，是转基因产品标识最多的国家。其他国家对转基因油是不标识的。

——石燕泉

毒性一般都是针对特定生物的。比如我小时候因为水的问题经常肚子里面长蛔虫，现在可能少了，那时候大夫开一种药，这种药吃了以后蛔虫就死了，但是人并没中毒。又如抗生素把病毒杀死了，但是人并没有中毒。

——杨雄年（农业部科技发展中心主任）

采用转基因技术可以培育出比非转基因品种更为安全的品种。如转基因抗虫玉米可以减少害虫对玉米的侵害，因而减少玉米感染真菌的机会，在贮存过程中不会像非转基因玉米一样受真菌引起的毒枝菌素污染。

——林敏

转基因食品安全与其他食品中有毒有害物质产生的现实危害有本质的不同。转基因食品是目前检测最全面、监管最严格的。由于实行了十分严格的风险评估和风险管理，迄今未发生确有科学证据、并为权威科学部门证实的食用安全性问题。

——黄大昉

从逻辑上表述，就是对于某种具体的转基因食品，如果没有明显证据证明其有害，就可以认为其安全。对于科学来说，是没有必要且也不可能完全证明任何食品是完全安全的，因为所谓绝对安全的食品是不存在的。在实质等同原则下证实了安全性的转基因食品，就可以放心食用了。

——罗云波

如果要证明一种食物绝对安全才能食用，那人类将没有食品可以享用。

——罗云波

转基因食品是安全的，不比普通食品的风险高，只能是它的风险比普通食品更低。因为转基因食品上市之前都要经过非常严格的科学评估，而这个评估是食用安全性的评估，包括对环境的安全，都要做评估，而这种评估是最苛刻的，没有哪一种食品在上市之前受到如此苛刻的严格的挑剔性的评估，所以大家完全可以放心。

——罗云波

经过严格审核批准上市的转基因食品都是安全的。大约有 20 篇长期转基因食品饲喂试验的文献，持续时间为 90 天到 2 年，但是实验结果并不支持转基因食物长期食用会有害人体的假设。美国的畜禽和美国人吃了近 20 年的转基因食品，这是长期实验的最好范例。通过安全性评价，允许上市的转基因食品的安全性已有定论，早有定论。

——罗云波

转基因食品在走进市场前是进行过严格的安全评价的，比以往任何一种食品的安全评价都要全面和严格，包括环境安全评价、毒性安全评价、致敏性安全评价等，到目前为止，未发现已批准上市的转基因食品对人体健康有任何不良的影响。应该说我们能购买到的转基因食品应该是安全的，可以放心食用。

——杨晓光

从科学角度看，转基因食品跟其他常规食品不存在特别之处。食品进入人体后会在消化系统的作用下，降解成小分子，而不会以基因的形态进入人体组织，更不会影响人类自身的基因组成。

——杨晓光

毒性基因的提法不够科学。把抗虫蛋白称作毒性蛋白就容易产生误解，毒性是有针对性的，抗虫蛋白对一些昆虫来说是毒性蛋白，但对哺乳类动物来说就没有任何毒性作用。对任何可能对人体产生毒性或不良作用的基因，是不能作为目标基因用于转基因食品的。

——杨晓光

转基因食品要产生所谓慢性、潜在性毒性，必须在人体内有贮存的物质基础。现在有没有发现它在体内贮存的物质基础？从食品的成分分析来讲，摄入的蛋白质在体内必须被消化分解成氨基酸被吸收后，重新合成人体所需蛋白质，原来的蛋白质不可能在体内贮存。目前研究没有发现转基因食品会在体内产生特殊可以蓄积的化学物质。

——杨晓光

转基因食品推到市场之前须经过严格的食用安全性评价，这套评价体系相对于传统食品而言更加严谨甚至苛刻。其中就包括了对人体长期健康效应的评价，在试验过程中采取的是超常量试验。之所以采用超常量试验，就是考虑到了长期效应，科研上的模型相当于长期效应试验。现行的化学食品、药品多是用这套系统进行验证的。

——杨晓光

“几十年后才能看出风险”是无法解答的问题。因为所有技术的安全性都是基于当前的科学发展水平和认知水平。以手机、电脑等为例，这些新技术都没有回答几十年后它们可能造成的影响。转基因食品是有史以来评价最透彻、管理最严格的食品。食用转基因食品的人数数以十亿计，转基因食品并没有显示对人类健康有新风险。

——杨晓光

从检测的项目来讲，比如说传统的新资源食品，它的审批也没有超过在转基因食品这样的评价程序和评价过程，要求的评价的过程和要求实验提供的资料都是比较严格的，包括以前的婴儿配方奶粉，都没有超过转基因这样一个评审的要求。

——杨晓光

食物的安全是个相对的概念，很多人希望食物能够零风险，但这不可能。吃任何东西都是有风险的事件。传统食物也不是绝对安全的，比如扁豆如果没有充分加热，就是有毒的。事实上，每年都有人因为吃了未煮熟的扁豆而中毒。

——杨晓光

进口转基因大豆颁发安全证书已考虑所有用途安全。中国农业转基因生物安全委员会在对转基因产品食用安全性的评价时，已考虑现在已知的各种用途，包括加工豆腐、豆芽、豆腐乳。所以在颁发安全证书时，不仅仅限于转基因大豆加工成油的安全，还包括大豆的各种用途，认为科学上都安全的，才颁发安全证书，并没有限定某一个用途，我们只是限定不能在中国田地里种植。

——彭于发

生活中遇到这样的问题和疑问，我想还是要多听权威机构和同行、科学家群体的意见。就以转基因食品安全性而言，国际上大家公认的是国际食品法典委员会，关于转基因食品，国际食品法典委员会有专门的标准。在国内《食品安全法》，还有针对转基因的《农业转基因生物安全管理条例》，这两个法规应

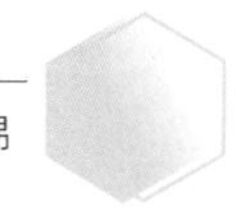

该是权威性的，能够说了算的。

——彭于发

转基因安全之争论原因错综复杂。其中包括文化背景如人与自然之间的关系等；新兴行业与传统行业之间的商业利益冲突；国际贸易中农产品出口国与进口国之间的矛盾；穷国富国极为复杂的关系；以及媒体舆论不可忽视的影响；加之政治家在民众支持率和国家利益间选择的政治背景。

——林敏

美国是世界上转基因作物最大生产国和消费国，也是食用转基因农产品时间最长的国家。美国种植的86%的玉米、93%的大豆和95%以上的甜菜是转基因作物。据联合国粮农组织的食物平衡表最新数据显示：美国出产玉米的68%、大豆的72%以及甜菜的99%用于国内自销。

——林敏

有人说目前没有证据证明转基因食品绝对安全，也无法证明转基因食品对下一代人是否有影响。这种质疑没有反驳的意义，因为可以针对任何一种技术和食品。

——林敏

有人把转基因食品标识与转基因食品安全混为一谈，错误的认为经过批准上市的转基因产品之所以要标识，是因为其安全性不确定。事实上，对于转基因食品而言，“标不标识”是知情权问题。

——林敏

有人说转基因食品就像蘑菇，对我们人类来说它是非常好的食品。但个别品种的蘑菇有毒，我们必须要通过安全评价把有毒蘑菇区别开来，防止食用，这样就能确保安全。我们对待蘑菇就没有因为个别有毒而一棒子打死，而是采取了宽容接受的态度。对待转基因也应有同样的心态。

——寇建平

食品的安全性是相对的。包括传统食品在内的安全性都是相对的，不存在“零风险”食品，没有绝对安全的食品，只有相对安全的剂量。酒喝多了，盐吃多了同样不安全。

——寇建平

转基因食品简单地说，就是凡食品加工原料含有转基因生物及其直接加工品的食品就是转基因食品。不能扩大化，如转基因大豆、豆粕是转基因的，但用该豆粕喂的猪、用该猪肉生产的香肠、吃了该香肠的人就不是转基因的了。因为不论转入的基因或编码的蛋白质已被分解不存在了。

——寇建平

在各国食品安全和转基因食品安全评价中均没有用人进行实验的要求。那是因为科学发展至今，研究出了一系列世界公认的实验模型、模拟实验、动物实验，完全可以代替人体实验。

——寇建平

标识与食品的安全性无关。标识与食品的安全性无关，不是说标识的就不安全，未标识的就是安全的。因为转基因食品的安全性问题在对该食品的原料——转基因生物进行安全评价时已解决了，就是说获得安全证书的转基因生物是安全的，那么用它做原料加工的转基因食品也是安全的。标识的作用只是为了满足消费者的知情权和选择权。

——寇建平

转基因产品的安全性要对每个产品逐一进行安全评价，通过安全评价获得安全证书的转基因食品是安全的，可以放心食用；没有获得安全证书的就不一定是安全的，不能笼统说转基因产品是安全的还是不安全的。

——寇建平

国际上还没有任何一个国家对所有转基因产品进行标识，管得最严的欧盟，也设定料0.9%的标识阈值，未超过阈值的，并不标识，按常规产品进行管理。

——寇建平

安全是相对的，没有绝对安全的食品，只有安全的剂量。如盐、酒摄入过量同样不安全；比如有人对牛奶、花生过敏，对该人群不安全；而吃未炒熟的豆角会中毒。

——寇建平

转基因食品安全不安全应由专业权威机构说了算，应由科学实验来证明，而不是隔壁王大妈说了算。

——寇建平

什么辣椒是黄的就是转基因，圣女果都是转基因的，靠外表辨别转基因的方法纯属无稽之谈。

——黄昆仑

关于转基因食品，流传着不实传说，如“欧盟、日本都不吃转基因食品”、“我国土豆削皮切丝后不变黑，都是转基因的”，“水果蔬菜不容易坏就是转基因产品”，“进口转基因大豆不适合做豆腐”，“我国大量进口转基因大豆，豆腐、豆浆也都是转基因做的”等。

——黄昆仑

为满足消费者的知情权和选择权，我国实施与国外相比较为严格的按目录、定性、强制标识制度。目前市场上的转基因食品如大豆油、油菜籽油及含

有转基因成分的调和油均已标识，这些产品在国外并不标识。

——黄昆仑

美国、日本、中国等国科研人员采用转基因抗草甘膦大豆和非转基因大豆进行了动物亚慢性毒性和传代生殖能力等多项检测。对喂养这种大豆的小鼠进行了 2～4 代繁殖试验的生殖能力检测，分析了胎仔大小、体重、睾丸细胞数量等指标，认为转基因大豆对小鼠无生殖毒性。

——黄昆仑

转基因食品国外不吃、美国不吃，专门给中国人吃的？这个说法是彻彻底底的谎言。

——张大兵

市场和消费者层面，国外民众也像中国人一样，一些人对转基因技术本身、安全性评价和管理了解不多，对转基因产品的安全性心存疑虑。由于消费习惯、宗教信仰、伦理文化和经济利益的差异，欧盟比较保守，反对转基因的人也更多、更强烈，美国比较接受转基因，也比较开放。这些国家的民众其实都在吃转基因食品。

——张大兵

糖尿病人用的胰岛素就来自于转基因技术。迄今也没哪一个糖尿病人的基因被“转”了。

——方玄昌

我平时买食用油，唯一选择的就是转基因大豆油。我确信它更安全更卫生，这是避免买到地沟油的绝招——由于对转基因食品的监管比其他食品更严格，且由于人们对转基因的恐惧，导致厂家不会把一般食用油标注“转基因”。

——方玄昌

到了今天，实际上要在全球任何一个国家找一个没有吃过转基因食品的人都难于登天。

——方玄昌

在可预见的将来，利用转基因技术生产的食品和药品将充斥食品、药品领域的每一个角落，过去许多难以解决的健康问题现在都可以解决。

——方玄昌

小番茄又叫圣女果，原名叫樱桃番茄。目前全国各地市场上的圣女果，包括大个的彩椒，还有小黄瓜，都是非转基因的常规品种，称其为转基因食品都是误传或者谣传，而且不能用大小来判断是不是转基因品种。

——王志兴

2007 年我们国家出台《农业转基因生物标签的标识》国家标准，这个标准规定了标识文字的大小以及标注的方法。要求转基因标识标注的文字不得小于标签上其他强制性标识的文字。只要符合标准就是合乎规定的。

——王志兴

对美国《科学引文索引》论文（SCI）全部 9333 篇论文进行的分析和追踪表明，所有得出转基因食品不安全结论的论文，最后均被证明是错误的。

——胡瑞法

标识与转基因食品的安全无关。标识只是为了满足消费者的一个知情权和选择权，实际上在转基因产品上市的时候，它的安全性就已经有保证，有定论了。只有获得安全证书，并且是通过安全评价的转基因产品才能够上市，所以说转基因产品无论是否标识，它的安全性在上市之前都已经决定了。

——刘培磊

我国转基因标识应与国际接轨。目前我们国家主要实行的是定性标识，一个产品只要含有转基因的成分就要求标识。目前国际上主要实行的是定量标识，就是超过一定的阈值才需要标。从长远来看，按照定性标识进行标注，需要标识的产品就会越来越多，不仅工作量大，而且执行的成本相对要高。所以，我们国家也应该与国际接轨，逐步地由定性标识向定量标识进行过渡。

——刘培磊

我国标识制度本意就是要满足消费者的知情权和选择权。俗话说得好，萝卜白菜各有所爱，每个人都有选择自己食品的权利。

——刘培磊

Bt 蛋白就是苏云金杆菌所含的蛋白。1938 年，法国把苏云金杆菌溶于水，作为农药喷洒鳞翅目害虫，收效显著。在中国，它的商品名称很多，如：虫死定、千胜、苏得利等。它绿色、高效，但是它最大的功德是挽救了无数的一时想不开寻短见服毒自杀的农民，喝一瓶仍安然无恙。农民真不理解反对抗虫转基因作物的人到底较的什么劲。

——杨青平

早在 2006 年，美国的转基因食品就非常普遍，根本不是睁大眼睛说瞎话的人所说的“美国人不吃转基因食品”。

——杨青平

学界自有一套工人的动物毒理学研究方法和试验标准，但是俄罗斯女博士叶尔马科娃却完全没有遵照，所以她的试验结果不被科学界承认。最后，她在一个俄文杂志上发表了试验结果，但是却没有经过国际同行的评审。越是惊人的科学结论越是需要国家同行评审，不经国际同行评审，所得结果就毫无意义。

——杨青平

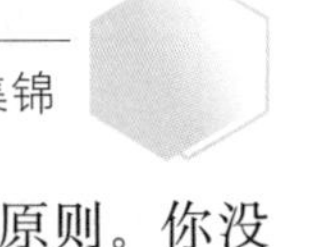

“实质等同原则”被认为相当于刑事诉讼法中的“无罪推定”原则。你没有证据证明当事人有罪，那么当事人就是无罪的；你不能因为怀疑当事人有罪，而去推测“莫须有”的可能性。是一个简单明了的实事求是的可操作的科学的原则，1992 年以后，世界经济合作组织、世界卫生组织、联合国粮农组织及全世界 60 多个国家都采用了这个原则。

——杨青平

作物的毒性，都是原有的。远古时代“神农尝百草，日遇七十二毒”，选毒最轻的进行人工栽培，经过几千年驯化、育种、保留、淘汰，到今天，农作物的毒性尚未去尽。最先进的转基因技术只会给作物带来优良性状，绝不会增加作物的毒性。

——杨青平

“人民不是小白鼠”。具有慷慨激昂的人文精神，感染了无数人，于是人们都不相信小白鼠实验，只相信人体实验。然而，这话没有一点科学精神。关于食品的科学实验从来用的就是小白鼠，根本不需要用人，小白鼠实验比人体实验更精确，只有药品才需要人体实验。

——杨青平

基因安全上的风险，包括食用安全上的风险、生态安全上的风险，这成为怀疑、质疑、反对、妖魔化转基因的理论依据。事实上，十几年来，转基因作物推广到地球的 1/10 以上的耕地，并未出现任何安全上的风险，这是由于各国政府对安全上的风险进行严格掌控，从而避免了风险。谣传的若干起所谓的不安全事件都被各国政府和主流科学家所否定。

——杨青平

三、环境安全

风险不等于危险。转基因安全风险问题，本质上是个科学技术问题，任何新技术在发展的过程中都存在着风险，技术上的风险应该是在科学界来讨论的。事实上，国际对于转基因的安全问题，联合国粮农组织、世界卫生组织、国际食品法典委员会等，都做过很多声明和报告，明确指出目前经过严格科学的评价，依法批准种植、应用和进出口的转基因产品和非转基因是一样安全的。

——黄大昉

包括可能对自然生态系统、农田生态系统中的生物多样性产生影响、外源基因的花粉通过基因飘移的方式传播到自然环境当中去、会不会导致转基因作物变成超级杂草以及靶标害虫是否产生抗性。从现有的科学数据来看，还没有显著的所谓的转基因产品有危害的证据。

——刘标

四、推广应用

中国作为一个大国，有一点是明确的，我们中国的农业转基因产品的市场不能都让外国的产品占领。

——韩俊

转基因抗虫棉，不仅对棉花产业起到巨大的推动作用，而且打破了国外技术垄断，带动了其他转基因生物育种的发展。

——黄大昉

转基因是进出口增加的直接技术原因。如大豆这几年推广了转基因大豆以后，这方面就大大增加。从技术来讲，转基因的技术确实使产量大大提高，给这些国家的出口带来机遇。

——黄大昉

转基因技术可助解决粮食安全问题。在针对我国粮食供求仍是“总量基本平衡、结构性紧缺”和国际粮食市场风险不断增大的形势下，我国应加强转基因作物的研究，以应对未来可能出现的粮食安全问题。任何新技术都有潜在风险，但是政府部门通过制定法规来规范转基因技术、实施安全管理、进行安全评价，转基因技术的风险是可以控制的。

——彭于发

转基因作物优势明显，有充分数据支撑。转基因作物优势明显，有大量田间试验等充分的科学数据支撑。我国长期以来十分重视转基因水稻、棉花的安全评价研究工作，并积累了大量的田间试验科学数据，相关成果发表相继在《Nature》、《Science》、《Nat Biotechnology》等国际著名期刊上，这些都为包括我国在内的全球转基因生物安全评价提供了很强的数据和理论支撑。

——彭于发

作物产量由多个基因控制，既有与理论产量本身直接相关的基因，也有影响产量形成的其他因素（如病虫害、草害、盐碱、干旱等）的基因。转基因作物普遍应用的是抗虫和抗除草剂基因，不是以增产为目的的，但由于减少了农药使用，增加了种植密度，通过节本增效减少损失，客观上增加了作物产量。

——吴孔明

中国已没有拒绝转基因的资本。中国每年以大豆为主，进口粮食 8 000 万

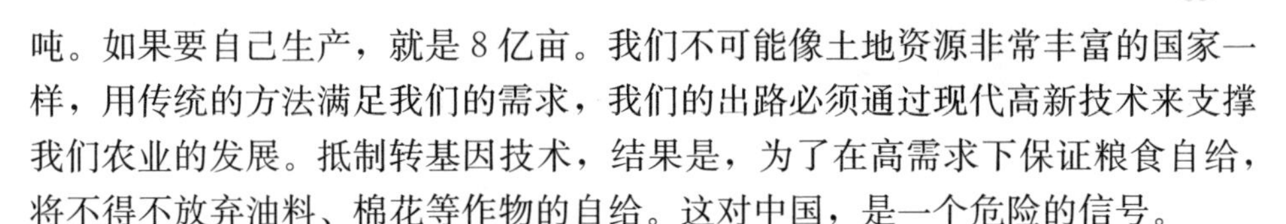

吨。如果要自己生产，就是8亿亩。我们不可能像土地资源非常丰富的国家一样，用传统的方法满足我们的需求，我们的出路必须通过现代高新技术来支撑我们农业的发展。抵制转基因技术，结果是，为了在高需求下保证粮食自给，将不得不放弃油料、棉花等作物的自给。这对中国，是一个危险的信号。

——吴孔明

转基因技术广泛应用于医药、工业、农业、环保和能源等领域。在医药和农业领域应用较早，如应用转基因技术生产重组疫苗、抑生长素、胰岛素、干扰素和人生长激素等及农业转基因动物、植物及微生物的培育等转基因技术。还可用于环境保护，如污染物的生物降解；用于能源生产，如利用转基因生物发酵酒精等。

——吴孔明

转基因产品在推广应用前要进行综合评价。包括对农业生产、粮食安全、种业安全的影响，对经济、国际贸易等的影响，对环境影响，社会的接受程度等，效益好、农民欢迎是前提。

——寇建平

所有研究试验都在严格监管情况下进行，所有进入开放环境的转基因种植试验都需要批准，所有参加品种审定的作物都要进行转基因成分检测。总体来讲，中国不存在转基因作物“滥种”的问题。

——寇建平

让转基因产品与非转基因产品公平竞争。他们具有同样的安全性，不能误导非转基因产品“更健康、更安全、更放心”。

——寇建平

目前进口的转基因大豆与国产大豆相比具有以下优势：一是含油率高2～5个百分点，加之可以同时加工有溢价的高蛋白豆粕而产生更大的经济效益；二是转基因大豆因规模化种植，单位生产成本远低于国内；三是转基因大豆表观与整齐度等商品性较好，品质易于得到保证。

——段武德

种植转基因作物的负面影响显然远远低于目前的“化学农业”，种植抗虫、抗除草剂、抗旱、耐盐碱等转基因作物，显著减少了农药、化肥的用量，改善了农业生态环境。

——朱祯

对转基因产品进行标识，是为了满足消费者的知情权和选择权，并不代表转基因产品比非转基因产品不安全、营养成分差。

——朱祯

继美国率先研究成功转基因抗虫棉，我也研究出来了有自主知识产权的转基因抗虫棉，确保我国棉花种子市场掌握在自己手中。然而，近十年的反转活动，极大限制了我国转基因育种的研究，国外则一日千里取得了重大进展。我国的科学家们一定要顶住压力，积极研究，确保我国在转基因技术上不受制于人。

——范云六

过去这十多年的妖魔化转基因的活动，对于中国转基因育种领域来说无异于经历了一场浩劫。当反转阵营在为他们阻止我们的研发工作欢呼庆贺之时，美国、巴西和阿根廷等先发国家也正在为他们能输送越来越多的转基因大豆、转基因玉米给我们而频频举杯。

——范云六

我国近年来受舆论影响，转基因作物研发和商业化成果不显著，为了不受制于人，为了我国农业未来发展，呼吁人们放下成见，发展转基因，造福人类。

——范云六

转基因技术能够对粮食安全做出贡献。比如玉米被害虫侵害之后会感染黄曲霉菌而产生黄曲霉毒素，但转基因玉米可以有效抵御虫害，从而防止黄曲霉菌感染玉米，大幅降低黄曲霉毒素的含量。这就比非转基因玉米健康，减少产量损失。

——戴景瑞

发展生物技术研究对于我国这样一个人口大国，保证未来食物安全具有十分重要的战略意义，我国只有抢占生物技术的制高点，才能在未来农业发展中掌握主动权。不能因为目前的一些争议而“作茧自缚”，阻碍生物技术研发。

——薛亮

转基因技术是生产疫苗好能手。利用转基因技术，可以抛开病原体内的毒性基因，仅将抗原基因导入无害的转基因技术生物，大量生产抗原，制成无毒、抗原活性高的疫苗。

——周云龙

转基因动物是全新的药品生产模式。将基因转入动物体内后，设法让其在乳腺中大量表达，由于在高等动物体内蛋白质翻译后的加工修饰过程，与人体内部很相似，因此这样生产的蛋白质天然具有生物活性。此外，转基因动物的乳汁，易于收集纯化，且不损伤动物，易被药品消费者从心理上接受。

——周云龙

农业部非常重视信息公开工作。在《农业转基因生物安全管理条例》实施

之初就已经建立了一个生物安全网，2008 年《中华人民共和国信息公开条例》发布的时候，农业部也制定了《农业部信息公开规定》，陆续公布了法律法规、审批信息、研发进展、管理动态等内容。

——李宁

美国科学家在 2011 年发表了一篇综述的文章，认为已经商业化的转基因作物通过提高免耕作业、减少了杀虫剂用量、使用对环境更友好的除草剂和提高产量从而减轻了土地压力、减少了农业对生物多样性的影响，认为转基因在农业上确实带来了很多的好处。

——张大兵

1982 年人类利用转基因技术重组了世界上第一个转基因大肠杆菌，用于生产胰岛素，标志着转基因技术已经成熟，现在我们用的胰岛素几乎都是通过转基因技术生产的转基因产品。

——寇建平

种植转基因作物，发展中国家获利巨大。巴西，排在全球第二位，是转基因出口最大的国家。印度是从 2002 年开始种植转基因抗虫棉，它到 2005 就已经实现了从棉花的进口国变成了棉花的出口国。南非，2012 年它种植了转基因作物的面积是 290 万公顷，是排在第八位的，种植了转基因的玉米以后它平均的亩产提高了 80%，也从玉米的进口国变成了出口国。

——谢家建

国际农产品贸易市场上转基因产品所占比例非常大，可以说很难买到非转基因产品。

——谢家建

欧盟转基因研究一点没有放松。2002 年至今，在欧盟各成员国先后批准了 887 项转基因生物的田间试验。如果我们再往前说一下，从 1991 年到 2012 年期间，欧盟的成员国先后批准了将近 2 700 个转基因生物的田间试验。

——杨青平

美国种不种转基因粮食，根据市场和效益来决定。美国推广的转基因作物，都视为与常规品种同样安全。

——付仲文

世界人口还在增长，40 年以后将达到 90 亿，而世界粮食产量已经十几年徘徊不前了，怎么办？只有寄希望于转基因。所以，绝大多数国家的政府都支持转基因，因此世界转基因作物面积才得以每年至少增加 10%。中国人口也在增长，20 年以后将突破 15 亿，所以中国不可能不发展转基因作物。

——杨青平

图书在版编目（CIP）数据

转基因大家谈/农业部农业转基因生物安全管理办公室编．—北京：中国农业出版社，2015.5
ISBN 978-7-109-20421-8

Ⅰ.①转… Ⅱ.①农… Ⅲ.①转基因技术－普及读物 Ⅳ.①Q785-49

中国版本图书馆 CIP 数据核字（2015）第 095649 号

中国农业出版社出版
（北京市朝阳区麦子店街 18 号楼）
（邮政编码 100125）
责任编辑 王玉英

中国农业出版社印刷厂印刷 新华书店北京发行所发行
2015 年 10 月第 1 版 2015 年 10 月北京第 1 次印刷

开本：700mm×1000mm 1/16 印张：8.25
字数：200 千字
定价：50.00 元